从结果到过程：决策理论及出行行为研究

From Results to Process：Decision Theory and Travel Behavior

秦焕美　王仲峰　著

中国城市出版社

图书在版编目（CIP）数据

从结果到过程：决策理论及出行行为研究 ＝ From Results to Process：Decision Theory and Travel Behavior / 秦焕美，王仲峰著. — 北京：中国城市出版社，2021. 12

ISBN 978-7-5074-3436-1

Ⅰ. ①从… Ⅱ. ①秦… ②王… Ⅲ. ①城市规划—交通规划—研究 Ⅳ. ①TU984.191

中国版本图书馆 CIP 数据核字（2021）第 266690 号

决策是人类的一项基本行为，出行决策则是人们基于活动需要而做出决定的行为，了解、掌握出行行为规律和形成机制，对于科学制定交通政策以及提升交通出行效率具有十分重要的作用。

本书从宏观行为结果、现象到微观决策过程的视角，主要对与出行行为研究密切相关的决策理论方法进行了论述，并在出行行为研究中进行了应用和拓展，得到了一些研究成果，其中，决策行为理论方法部分包括：决策及决策过程概述、决策策略、决策行为理论模型、决策行为实验和调查方法；出行决策行为研究部分包括：基于效用理论的出行方式转换行为研究、改进的基于效用理论的换乘出行行为研究、基于前景理论的通勤出行行为研究、基于决策过程的出行方式选择行为研究、基于决策过程的出行方式多次重复选择行为研究。

本书可以为从事交通规划和出行行为研究的企事业单位工作人员提供参考，也可作为大中专院校交通运输工程专业师生进行科学研究的参考书目。

责任编辑：李玲洁

责任校对：王誉欣

从结果到过程：决策理论及出行行为研究

From Results to Process：Decision Theory and Travel Behavior

秦焕美　王仲峰　著

*

中国城市出版社出版、发行（北京海淀三里河路 9 号）

各地新华书店、建筑书店经销

北京红光制版公司制版

北京建筑工业印刷厂印刷

*

开本：787 毫米×1092 毫米　1/16　印张：10½　字数：251 千字

2022 年 2 月第一版　　2022 年 2 月第一次印刷

定价：**45. 00** 元

ISBN 978-7-5074-3436-1

（904409）

前　　言

决策是人们日常生活中普遍存在的一种行为，所以，决策研究一直受到经济学、心理学、神经科学、管理学、工程学、行为科学等多学科的关注，并不断发展完善。

决策行为受到决策者、决策任务和决策环境相关的多因素的综合影响，包含了复杂的决策过程。目前，主要从两个角度对决策行为进行了分析研究：一是从结构化分析的角度，主要关注决策结果与各种因素之间的关系分析，进而对决策行为进行解释和预测，不关注决策者的决策过程；二是从决策过程分析的角度，主要关注各种因素的输入与决策结果的输出之间的认知过程和心理决策机制的分析。与以上两个方面相对应，产生了不同的决策理论模型以及实验调查方法，适用于不同层次的决策行为分析。

出行者是交通系统的主体，出行者的出行行为包含了一系列的决策，形成了不同的出行行为特征和现象。目前主要是采用行为调查和意向调查的方法，基于行为模型分析出行选择结果与诸多因素的影响关系，也有一些学者对出行决策过程进行了初步探索，分析认知、态度、偏好等因素对于决策行为的影响，从而挖掘出行决策的微观过程，深入解释宏观出行行为现象的内在机理。

本书是笔者根据自己的出行行为研究整理撰写而成，第一篇系统地介绍了决策和决策过程的基本概念、决策策略、决策行为理论模型、决策行为实验和调查方法。第二篇是基于第一篇的决策理论方法，介绍已经开展的多个交通出行行为研究的成果，分析个体出行决策行为的特征规律和内在机理。具体为，在传统出行行为研究的基础上，改进现有的出行意向调查和实验方法，运用基于结果的和描述性的决策行为理论模型，进行了出行方式转换行为、换乘出行行为、通勤出行行为的研究。进而，运用决策过程理论方法，对出行方式选择行为和多次重复的出行选择行为展开深入研究，以期为完善出行行为研究理论体系提供参考。

出行行为是决策行为研究领域需要进一步深入研究的方向，尤其是对出行决策过程的研究，有助于揭开出行者决策行为的内在"黑箱"，从更深层次上认识出行行为规律，从而为城市交通出行结构调节和行程优化提供决策支持和理论依据，也对科学制定交通政策以及提升交通出行效率具有十分重要的作用。本书仅是决策行为领域研究的一部分内容，还有很多探索空间，供各位学者和科研工作者讨论，希望引起更多的关注。

本书在撰写过程中，参考了很多著作、论文等资料，得到了北京工业大学关宏志教授的指导和帮助，参与本书撰写和相关章节内容研究的主要有：庞千千、许宁（第 1~2

章），贾美茹、刘姝莉、于滨海（第 3 章），囤莹莹、王虹霏（第 4 章）和士辉（第 7 章），高建强（第 9 章），以及陈贺鹏、郑飞等研究生，在此一并表示感谢。由于编者水平有限，错漏在所难免，恭请各位读者批评指正。

编者

2021 年 5 月于北京

目　　录

第一篇　决策行为理论方法

第一篇

决策行为理论方法

第 1 章　决策及决策过程概述

1.1　基本概念

1.1.1　决策的概念

"决策"的英语表述为"Decision-making"，表示做出决定或选择。决策是人类的一项基本行为，它渗透于人类生活的各个方面，如穿什么衣服、选择什么职业、在哪里购房等，可以说人类的一切行为都是决策的结果。俗话说：条条大路通罗马，可见人们对于实现决策目标的方案通常不止一种，而具体选择哪个方案需要通过决策者的分析决定，而这一过程就是决策，且不同的人采取的决策方法和选择的结果可能都不相同。

多年来，决策研究一直受到经济学、心理学、神经科学、管理学、工程学、行为科学等多学科的关注，由于各学科特点和研究的出发点不同，对决策的定义也有多种。

在心理学中，将决策可以简单定义为：从两个或两个以上的备择方案中选择其中一个的过程，由此可知，决策需要一个过程，而不是瞬间的动作。为了深入理解决策的含义，可以从广义和狭义两个角度来理解决策，广义的决策定义来自于美国决策研究专家黑斯蒂[1]，将决策全面地定义为："判断与决策是人类（及动物或机器）根据自己的愿望（效用、个人价值、目标、结果等）和信念（预期、知识、手段等）做出选择行动的过程"。所以，广义的决策包含判断与决策两部分内容，判断主要是指人们推知或知觉尚不清楚的事件及其结果的过程，如人们通过整合多个不完全的或冲突的线索来推知决策结果，选择是建立在评估结果之上的行为。狭义的决策定义是将决策看作一个动态的、延续的过程，在这一过程中，个体通过自己的感觉、知觉、记忆、思维、想象等基本心理过程，对情境进行判断，进而做出选择。

有些研究将决策定义为："决策是人们预先设计出若干可以达到某一目标的方案，然后对备择方案进行评估进而做出选择的过程"。此外，对决策的定义还有："决策是指在人们对过去和现在实践的认识，并在对未来做出科学预测的基础上，见之于客观行动之前的主观能力，是以目标、方向、原则、方法、途径、方案、方针、政策、策略、计划等形式指导未来实践"。这个定义突出了决策对于过去经验的考虑以及对未来决策的影响。

1.1.2　出行决策的概念

出行是人们日常生活必要的活动，出行行为是出行者在出行整个过程中所进行的各种决策过程的表现，出行者首先根据活动需要确定出行目的，进而产生出行心理需求，然后结合现有交通设施、以往的出行经验以及道路交通运行情况等，对目的地、出发时刻、出行方式、出行路径、停车位置等进行选择，完成整个出行过程[2]。

所以，出行者的出行行为实质上是一种决策过程，出行者需要对一个或者多个备选方案的属性信息进行评估，进而选择最能满足自己出行需要的方案。在决策过程中，出行者有时需要收集相关的信息，对大量信息进行取舍、加工，最终做出选择，即出行决策的基本框架可以概括为收集信息—信息加工处理—方案评估—做出选择[3]。出行决策过程如图 1-1 所示。在这个过程中，出行者不断地进行着动态决策和反复调整，包含了出行经验的积累和出行行为动态调整的过程，如出行者在一次出行中，选择出发时间及出行路径时，会根据道路交通情况和以往的出行经验进行综合考虑作出选择。而出行者在出行的过程中，又会根据实际道路运行情况做出调整，有时会改变初始的出行路径，优化出行方案。出行者在这次出行过程中，又为下一次出行积累了经验，这就是动态调整出行行为的过程。

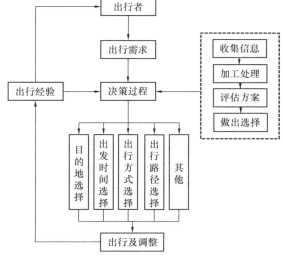

图 1-1　出行决策过程

同时，出行者的出行决策行为还受到很多因素的影响，包括交通环境、交通运行条件、交通信息等，出行者需要在这些复杂多因素影响下实施其出行行为。

1.1.3　偏好的概念

决策理论中的偏好（Preference）概念，是指决策者在面对几个事件或结果时选择其中某一事件或结果的倾向性。规范理论认为偏好是预先确定的、不变的，而信息加工论则认为决策者在决策过程中会不断地加工信息，偏好是建构的，一些相关研究的结果也表明，在实际情境中决策者的偏好往往是可变的。

关于选择偏好可变性的心理机制，存在三类不同的观点：第一类观点是以效用（Utility）概念为核心，强调选择偏好随效用而改变，分别提出评价方式的变化、时间维度上的变化等是引起选择偏好变化的原因；第二类观点是以心理表征（Mental Representation）概念为基础，分别提出建构水平和表征差别是引起选择偏好变化的重要因素；第三类观点以联结（Connectionist）和人工神经网络（Artificial Neural Network）概念为要素，分别提出心理场距离和损失规避偏向是导致选择偏好变化的关键因素。这些观点在一定程度上揭示了选择偏好的建构过程[4]。

在出行决策中，出行者也表现出不同的选择偏好，首先，由于个体差异性，有些出行者对出行时间比较敏感，偏好时间短、速度快的出行方式，而对出行费用不关注，而有些出行者却对出行费用比较敏感，偏好费用低的出行方式。其次，在不同的阶段，出行者的选择偏好也会发生变化，在上学阶段比较偏好费用低的出行方式，而当工作后，随着收入的增加，会逐渐偏好选择速度快且舒适的方式，这些决策过程中的现象就是决策者偏好的反映。

1.2 决策的特征

1.2.1 目标特性

决策选择的前提条件是个体有一些待实现的目标，且有两个或两个以上能够满足这些目标的备选方案，对于每个方案，都有一定量的有效信息，即各备选方案的属性信息，供决策者参考，个体通过对这些信息的分析，对各备选方案进行评价，最终做出一个最合适的选择。

1.2.2 动态特性

决策与推理、问题解决等高级心理活动是有区别的，一个重要的不同就是决策过程中必须包含选择行为，即决策是指对备选方案进行评估和选择的过程[5]。

决策过程中包含了一系列心理操作活动，这些心理操作发生在刺激的表征与响应的执行之间[6]。决策是一个动态过程，在这一过程中，个体需要运用自己的感知觉、记忆、思维等认知能力，对决策任务作出判断与选择。Svenson 等人认为，一个选择行为的结束并不代表一个决策过程的终止，决策过程之后还包含一些后续的心理加工过程，而选择行为一定是决策过程中不可或缺的一步[7]。

1.2.3 决策的理性和有限理性

传统的经济学家基于理性人的假设，认为经济个体的决策是理性的，个体总是在追求个人利益的最大化，利用数学工具计算得失，从而在有限的环境资源中努力做出最佳的决策。经济行为人的"理性"特征包括，具备所处环境的完备知识（至少也相当丰富和透彻）和能计算出各备选方案中可以达到最优方案的能力。但在现实中，经济行为人由于心理资源的稀缺，无法满足完全信息和全面精确比较择优的理性要求，而且由于人脑的信息储备是有限的，人的计算能力、设计能力和想象力也是有限的，同时决策者的认知、需要、情感、动机等心理因素以及文化背景因素、决策情境因素都会对真实的决策过程发生重要影响，都会使决策过程在很大程度上偏离那些理性规则或理性公理的假设，常常不能做出完全理性的决策，只能选择满意原则以替代最优化原则。

于是，美国学者西蒙（Simon）在 1956 年首次提出"有限理性（Bounded Rationality）"的概念[8]，用以批判古典和新古典的理性经济人的假设，并认为"有限理性是考虑限制决策者信息处理能力的理论"。西蒙认为，在真实的决策环境里，有限的记忆、计算能力和对环境的认知能力必然意味着人类理性是有限的，而有限理性的心理机制正是人类有限的信息加工和处理能力。

有限理性的内涵主要体现在以下几个方面：

（1）决策信息的不完备性

按照理性的假设，决策者应具备关于每种备选方案的后果的完备知识和预见。而事实上，由于受到决策时间和可利用资源等客观条件的限制，决策者对其决策状况的信息掌握是不完备的，只能做到尽可能多地了解。所以，选择的方案并不能达到利益最大化的最优方案。

（2）信息处理能力的有限性

在获得了大量信息的前提下，决策者充分处理信息的能力也是有限的，并不能对众多的信息进行完全处理和加工，有时只能有选择地处理部分信息。所以，决策者在处理信息能力方面的限制，再加上对决策信息掌握得不完备，以及对决策结果预见存在困难，决定了完全理性在实际中是不存在的。

（3）选择影响因素的多样性

影响决策的因素有很多，包括了决策环境、决策任务和决策者等方面。决策者所处外界环境的复杂性，决策任务的多样性，决策者的价值观、世界观、个性、喜好、感情因素等个人特征的差异性，往往会影响决策过程和选择的结果，在最终做出决策时，会带来非理性的决定。

（4）决策中的"满意"准则

在决策过程中，决策者往往根据初始的最基本要求评估各个备选方案，如果有一个方案满足其最基本要求，决策者就实现了满意准则，就会选择该方案。这一方面是因为人们不愿继续付出努力寻找更好的方案，而是满足于当前满意的备择方案；另一方面是因为受到外界条件和决策者自身能力的限制。因而，在实际生活中，得到的往往不是最优方案，而是较满意的方案[9]。

（5）完全理性到有限理性

决策的研究需要考虑人的认知能力、信息处理能力等方面的影响，应该研究有限的理性，而不是全知全能的理性。个体的决策机制应当是有限理性的适应机制，而不是完全理性的最优机制。

1.2.4　权衡特性

权衡（Tradeoff）是决策行为的一个非常重要的特征。在决策过程中，当备选方案存在多个属性，而没有一个选项在所有属性上都优于其他选项时，决策者需对不同的属性做比较，决定孰轻孰重，同时将不同属性的值互相转化，也就是权衡[10]。

权衡是一种复杂的心理过程，影响权衡困难的因素，主要可以分为认知因素和情绪因素。认知因素是指决策中涉及的信息数量、时间限制、选项间的相似性等。情绪因素是指决策过程中，决策者在对与决策相关的属性权衡时，会产生一定的正面和负面情绪，进而影响决策的权衡过程。

1.3　决策的分类

决策有很多种分类方法，可以从决策参与者角度将其分为群体决策和个体决策，从决策环境和决策任务角度将其分为确定型决策和不确定型决策，从决策者完成决策任务的过程角度分为单一属性决策和多属性决策、简单决策和复杂决策。其中，不确定型决策和多属性决策是现实生活中最为常见的决策类型，也是研究的重要方面。

1.3.1　群体决策和个体决策

按照参与决策的人数数量，可以将决策分为个体决策和群体决策。个体决策是指单个个体做出的决策；群体决策是指两个或两个以上的个体组成一个群体，共同完成决策任务。一般来说，群体决策并不是个体决策行为的简单总和，而是有许多复杂的心理过程值得进一步研究。

个体决策与群体决策各有优缺点，没有绝对的优劣之分，关键在于如何灵活地运用它们。在现代管理中，群体决策和个体决策互相补充，两者经常被结合起来使用。个体决策与群体决策的差异见表 1-1，从表中可以看出，个体决策比较快、创造性较高，但是决策的准确性和执行程度较差，群体决策比较慢，但是决策的准确性和可执行情况好，从长远角度看，群体决策的效率要高于个体决策。

个体决策和群体决策的差异比较

表 1-1

决策方式	个体决策	群体决策
决策的速度	快	慢
决策的准确性	较差	较好
决策的创造性	较高，适用于工作结构不明确，需要创新的工作	较低，适用于工作结构明确，有固定程序的工作
决策的效率	取决于决策任务的复杂程度，通常费时少，但代价较高	从长远看，群体效率高于个体决策，虽费时多，但代价低
决策的风险性	视个体个性、经历而异	会产生极端性偏移
决策的执行情况	较差	较好

资料来源：宋光兴. 多属性决策理论、方法及其在矿业中的应用研究 [D]. 昆明：昆明理工大学，2001.

1.3.2 确定型决策和不确定型决策

根据决策环境和决策任务是否具有不确定性，可以将决策分为确定型决策和不确定型决策（或称为风险决策）。

确定型决策的特点是决策环境和任务结构清晰，决策者在进行选择之前非常了解自己所面临的决策条件，有期望实现的明确目标，同时可以确切知道所有行为的结果。而不确定型决策的环境和任务结构含糊，决策者无法确切知道当前行为的结果，只知道可能出现的结果。不确定型决策又可进一步分为可测的决策和不可测的决策两大类，可测的决策指的是决策者可以知道当前行为可能出现的结果，并可通过概率来量化这些结果出现的可能性，而不可测的决策则是指决策者无法量化当前行为可能出现的结果，即无法量化这种不确定性。

1.3.3 单一属性决策和多属性决策

根据完成决策任务所考虑的因素数量，可将决策分为单一属性决策和多属性决策。单一属性决策是指决策者只需要考虑一个因素就可以从多个备选方案中做出选择，这样的决策任务一般非常简单，无需多考虑，可以很快做出选择。多属性决策是指决策者需要对备选方案的多个属性因素进行分析、加工、处理，在这个过程中决策者可能会采用不同的决策策略，也可能会做出非理性的选择。

从认知心理学的角度来看，多属性决策需要的认知资源较多，决策过程相对复杂，当备选方案数目较多，而属性因素数目也比较多时，决策任务也可称之为多备择多属性决策。

1.3.4　简单决策和复杂决策

根据决策过程花费的时间，可将决策分为简单决策和复杂决策。简单决策是决策者在很短的时间内，考虑较少数量的选项和因素即可做出选择，单一属性决策属于简单决策。复杂决策是指决策者需要花费很长的时间对备选方案进行权衡、比较和评价，考虑的选项和影响因素较多，反复思考，最后做出选择，多属性决策属于复杂决策。

1.4　决策的影响因素

决策往往高度依赖于决策者、决策任务和决策环境等相关的各种因素。决策受到决策者的个体差异的影响，基于个体差异，每个人在面对一项决策任务时使用的决策策略也会各不相同，做出的选择也可能不相同。决策任务的复杂性也会影响决策过程，带来不同的决策结果，随着决策任务复杂性的增加，决策者使用简单决策过程的可能性增加，且更偏好选择在较重要属性上占优的选项。最后，决策是情景依赖的，决策不仅受到决策者和决策任务差异的影响，还与决策环境因素有关系，是在特定的环境中做出选择的。

1.4.1　决策的影响因素

1. 决策者

决策者是指做决策的人，可以是个体，也可以是群体。决策者也有广义和狭义之分，广义的决策者是指决策机构、享有决策权力的人和对决策有较大影响的人；狭义的决策者指的是对某件事情有直接决策权的决策者。

决策者是决策中的一个非常重要的因素，因为要做决策的是人。人的个体特征在很大程度上影响了决策的过程和结果，每个具体的决策活动都与决策者自身发生必然的联系，不考虑这种联系，决策活动是无法正常进行的。决策者的人格、认知、心智、情感、动机等因素以及文化背景因素会对决策过程产生重要的影响。

因此，在相关决策理论研究中，需要引入个体差异变量，利用不同个体的反应差异情况对相关理论进行直接检验，从而为决策研究中的各种非理性选择提供新的理论解释。

根据近年来对决策中个体差异的相关研究，下面主要从人格因素、认知能力、心智成本、个人社会经济属性等方面进行论述。

（1）人格因素与决策

人格是最主要的个体差异因素之一，大约有五种特质可以涵盖人格描述的所有方面，包括开放性、责任心、外倾性、宜人性和神经质性。

1）开放性（Openness）：具有想象、审美、情感丰富、求异、创造、智能等特质。

2）责任心（Conscientiousness）：显示胜任、公正、条理、尽职、成就、自律、谨慎、克制等特点。

3）外倾性（Extraversion）：表现出热情、社交、果断、活跃、冒险、乐观等特质。

4）宜人性（Agreeableness）：具有信任、利他、直率、依从、谦虚、移情等特质。

5）神经质性（Neuroticism）：难以平衡焦虑、敌对、压抑、自我意识、冲动、脆弱等情绪的特质，即不具有保持情绪稳定的能力。

相关研究显示，人格与不同情境的决策有关，比如对于不确定型决策的研究，在收益条件下，决策者的开放性程度可以很好地预测冒险行为，高开放性与高风险行为相关；在损失条件下，神经质可以很好地预测冒险行为，高神经质与高风险行为相关。人格变量也可与决策情境产生交互作用，当决策任务情境发生无法预料的变化后，高经验和开放性、低责任心的决策者做出的决策比变化前会更好。

（2）认知能力与决策

认知是指决策者关于自己所处环境的所有知识、观点、信念以及情感。认知能力是人脑加工、储存和提取信息的能力，包含了人的认识水平、智力水平、判断能力和计算能力，即人们对事物的构成、性能、发展的动力、发展方向以及基本规律的把握能力。知觉、记忆、注意、思维和想象的能力也被认为是认知能力，认知能力是人们成功的完成活动最重要的心理条件。

认知影响着个体决策者的整个决策过程，在决策前，认知是决策者分析判断的基础，直接关系到最后的决策结果以及给决策者带来的经济收益；在决策过程中，认知会影响决策者对信息的获取、加工、处理和利用，还会影响决策者对他人行为的预测，进而影响对备选方案的最终结果收益的分析计算；在决策后，决策者通过对决策结果的反馈进行认知学习，优化改进决策。因此，认知能力与决策过程的关系是自我相关性的调节作用。

具有不同认知能力的人往往在决策中体现不同的差异特征，认知能力水平高的人往往能够在复杂的环境中做出及时有效的决策和恰当的行为。

认知能力也会对认知偏差产生一定的影响，进而认知偏差又会影响对预期收益的估计和风险的感知，再进一步影响决策者的风险行为，最后，不同的风险行为将产生不同的决策结果。

（3）心智成本与决策

心智成本是指在决策过程中，决策者需要进行思考、分析、推理，所消耗的脑力和时间成本。心智成本包括理性计算的思维成本、对信息理解和处理的成本、认知协调成本以及与情感、动机、偏好、价值观相关的心理成本。正是由于心智成本的存在，要想达到完全理性的决策结果，决策者所需的心智成本将非常大，有时甚至难以承受。因此，在实际的决策过程中，决策者有时不愿意运用自己所具有的全部理性分析能力，或只是部分地运用，决策者倾向于以最小的心智成本获得最大的收益，即心智成本最小化。尤其在复杂的环境中，面对难度较大的决策问题时，决策者往往在决策过程中利用经验、直觉等快速方式简化信息，进行非理性决策，目的都是为了减少心智成本[11]。

（4）个人社会经济属性与决策

个人的性别、年龄、职业、收入、受教育程度等特性也会影响决策。相关研究发现，与老年人相比，年轻人对决策相关信息理解得更好，这与老年人和年轻人群体基本认知能力（如记忆、注意容量、加工速度）的差异有关。年轻人更乐于接受新事物、新观念，更容易理解新问题，对自动驾驶等新出行方式接受度较高。随着决策者年龄的增加，冒险决策行为逐渐减少。此外，年龄与性别也存在交互作用，如年轻男性决策者的冒险决策行为会更多一些。高收入决策者由于其经济承担能力较高，能够接受的因决策失误而造成的经济损失也更高，因此，更倾向于选择冒险决策行为。决策者受教育程度越高、知识越渊博、经验越丰富，也更容易做出合理的决策。

2. 决策任务因素

（1）选项数量对决策过程的影响

当面临某一决策任务时，人们会主动收集相关资料，提取主要信息进行对比，以此作为选择的根据。

首先，选项数量会影响决策的质量，当决策任务中的备择选项数目较少时，个体的选择范围较小，决策者对决策任务的了解不够，因此，做出正确决策的难度较大。当选项数目较多时，决策者能对决策任务有足够的把握，可以进行充足的对比评价，做出正确决策的可能性会更高。

其次，选项数量会影响决策者的满意度和情绪，有研究表明，备选项的增加，可以提高个体的内在动机和生活满意度，对促进心理健康和增加幸福感非常重要。但也有研究认为，过多的选项将会造成个体幸福感下降和抑郁增加，人们为了回避消极的情绪体验和适应环境，会调整决策策略，也会在决策过程中表现出不同的特征[3]。

最后，选项数量会对决策过程产生影响，认知心理学的加工能力有限理论认为，由于决策者在某个时间能够注意和思考的信息量是有限的，选项数量的增加将对个体信息加工的方式、速度和采用的决策策略产生影响。早在 1976 年，Payne 研究了选项数目对决策过程的影响，得出：当选项数量从 2 个增加到 12 个时，面对决策任务中较多的信息，个体会有选择地加工部分选项属性信息，而不是对信息进行完全加工[5]。Sields 的研究显示，当选项数量增加时，个体使用的决策策略会有所变化，信息搜索模式会由基于属性的搜索模式转化成基于选项的搜索模式[12]。如 Fasolo 和 McClelland 通过研究发现，随着选项数量的增加，消费者在网上的消费决策过程表现出搜索深度下降、搜索模式多样化的特点[13]。

根据 Miller 和 Fagley 的短时记忆容量理论[14]，个体在同一时间只能加工和存储有限数量的信息，短时记忆平均可以储存 5～9 个单位的信息，超过 9 个单位的信息将超出个体记忆的能力。所以，在决策研究中，选项数量过多不利于探讨决策信息加工的过程，同时，各选项相应的属性信息也会增加被试的认知负荷。一般来说，二选一是最简单的选择任务，三选一不算复杂，四选一是最为常见的选择任务。

所以，选项数量不同可能会带来不同的影响，选项数量增加带来的影响是非常复杂的，尽管客观上应该会有较好的结果，但是当选项过多时，可能会有相反的结果，决策者的主观体验未必会受益，也会影响决策过程信息加工的深度和决策模式。

（2）属性信息数量对决策过程的影响

个体在面对一项决策任务进行选择时，需要收集各个选项的属性信息，当属性数量较少时，对各个选项了解不够充分，做出决策的难度较大，且做出正确决策的信心指数也较低。当属性数量较多时，个体对选项的了解充分，对各备选项有较为准确的评估，更容易做出恰当的选择，做出正确决策的信心指数较高，但由于个体认知系统容量的有限性，当属性信息数量增加到一定数量时，个体将无法负担和处理超负荷的信息，从而降低决策的质量。

属性信息数量也会影响到个体的决策过程。Biggs 等的研究表明，当选项的属性信息数量增加时，决策者会调整决策策略，多使用非补偿性决策策略，从而降低认知加工的负荷[15]。Grether 通过研究消费者在决策任务中的信息加工过程发现，当选项属性信息数量增加时，决策者往往只关注对自己重要的属性信息，以此作为决策前的参考信息，而忽略那些相对不重要的属性信息，通过有选择的信息加工过程来简化决策任务[16]。同时，属性信息数量对决策过程中的搜索时间、搜索深度等各项指标也会产生影响，从而影响决策过程。

根据短时记忆容量理论，过少的属性信息会使决策者信息不足，从而不能做出正确的判断和选择，过多的属性信息又会超出个体的信息加工能力，影响决策过程，因此，合理的属性信息数量对决策非常重要，也是值得研究的内容，相关研究将属性信息数量设定为4～8 个为宜。

3. 决策环境因素

在决策过程中，决策环境的影响主要是来自环境因素的不确定性，即环境中固有的不可预知性，这一不可预知性既包括自然环境的不确定性，也包括由决策者所处社会环境带来的不确定性。环境的不确定性从根本上决定了决策者在选择过程中无法达到全知全能的理想境界，而且，由于个体决策者自身条件的限制，对信息的收集、感知能力、加工处理能力、对潜在信息的发掘能力等存在有限性，从而导致了有限理性行为。

决策者的选择行为可以看作是一个与所处环境进行博弈的过程，在一个相对稳定的决策环境中，个体的决策相对简单，大多数决策都可以在过去决策的经验基础上做出，并逐渐形成习惯，如果决策环境复杂、变化频繁，那么，决策者就可能要经常面对许多新的过去所没有遇到过的问题，并尝试做出新的决策以适应新的环境。

因此，决策者一方面受到决策环境的影响和制约，另一方面又作用于决策环境。决策者是在对决策环境的认识、适应、控制的过程中，不断调节，进而根据决策任务做出选择的。

1.4.2 出行决策的影响因素

影响出行决策的因素很多，以下主要从出行者社会经济属性、出行相关因素、出行者心理因素三个方面做简要的概述，研究者可以根据不同的研究内容需要确定不同的影响因素，也可以补充关键的其他影响因素。

1. 出行者个人社会经济属性

（1）年龄

处于不同年龄段的出行者会偏好不同的出行选择，例如，老年出行群体比较倾向选择安全性较高并且相对经济的出行方式，如公交；然而，年轻出行群体却更看重出行时间和舒适性。

（2）收入

经济收入代表着出行者的购买力水平，出行者的经济收入是决定其出行选择的关键因素。处于不同收入层的出行者的出行决策有很大的差异。出行者会在自己的出行需求与经济承受能力之间寻求平衡，具体主要表现在他们对出行方式和交通工具的选择上，有时也会影响到出行者对于出行的目的和目的地的选择，比如高收入群体更愿意选择舒适性好、出行时间少的小汽车出行方式，而低收入群体更愿意选择费用低的公交或地铁出行方式[17]。

（3）职业

出行者的职业分布各异，职业不同会带来不同的出行目的和选择偏好，比如企业高级管理人员会倾向于选择快速且较为舒适的出行方式，学生主要以上下学为主，会更偏向选择成本比较低的出行方式，自由职业者出行选择比较灵活。

除了以上主要因素外，个人性别、教育水平、家庭结构、小汽车拥有情况等也会对出行决策产生一定的影响。

2. 出行相关影响因素

（1）出行目的

出行者的出行目的主要有通勤、购物、上下学、餐饮、娱乐、旅游、公务、探亲、访友、就医等，不同出行目的的出行者需求也有差异。对于公务出行的出行者，通常对出行费用关注度较低，而对出行时间和效率有着较高的要求。对于上下学出行者来说，对出行费用方面就会有更多的考虑。

（2）交通设施

交通设施对出行决策的影响，这里主要是指交通设施的服务水平，如道路设施服务水平、公共交通服务水平、停车设施服务水平等，交通设施服务水平直接影响着出行者的出行时间、出行费用和舒适性等，也是出行者进行出行决策考虑的重要内容，只有提供快速、便捷的交通服务系统，才能提高出行效率。

（3）出行环境

出行环境包括道路交通运行情况、天气等，从广义的角度看，交通政策、交通管理措施等也属于出行环境因素。在不同的出行环境下出行者的出行选择也会不同，例如，在限行政策下，出行者在限行日需要考虑采用地铁、公交等方式上下班。遇到阴雨天气，选择网约车、出租车出行的人会明显增多。

（4）出行信息

出行信息的内容和发布方式也影响到出行决策，与出行相关的信息的发布将会引导和改变出行者的出行选择，与停车相关的信息发布将会影响到出行者停车位置的选择，从而达到通过行为调节进而改善道路交通运行状况和提升设施利用效率的目的。了解出行信息内容、发布方式、提供时间和地点等对出行行为的影响，也可为出行者设计出更好的信息服务策略。

3. 出行者心理因素

出行者个人社会经济属性以及出行相关的因素对其出行决策具有重要的影响，而出行者心理因素也是需要考虑的重要内容。出行者作为交通参与者，会从出行的安全性、舒适性、服务环境、个人情感等方面的心理感受出发，对交通设施的服务水平进行主观评价，进而决定做出的出行选择[18]。例如，如果出行者感知的出行时间低于心理预期的出行时间，此时，出行者在面对收益时表现出风险规避心理，而当感知的出行时间高于心理预期的出行时间时，出行者在面临损失时会表现出风险倾向心理。

心理因素是一个复杂的因素，它包含安全、时效、便利、舒适、经济等心理感知活动，对其直接量化比较困难。出行心理又包括时效心理、便利心理、实惠心理、愉悦心理、就近原则和大众心理等[19]。心理因素对出行决策的影响主要包括两个方面：

一是心理过程，出行者通过对各选项的认识过程，再经过对各选项感知的情绪过程，最后进行决策，得到最终的选择方案。心理过程会经历三个阶段：

（1）认识过程。是指对具体事物的感觉、知觉、记忆和想象的集中体现。感觉、知觉是人脑对客观事物个别属性的主观反映，如出行者在对某一出行方式进行选择时会产生时间知觉，它能认识某种出行方式的时间特性。

（2）情绪过程。人们在认识出行决策任务的出行选项时，总有一定的态度，心理学把人们对客观事物的态度的体验称为情绪，情绪反映某一出行选择与人的需要之间的关系。

（3）意志过程。意志是人自觉地确定某种目的并支配某种出行行为以实现预定目的的心理过程。

二是个性，包括个性倾向和心理特性。

个性倾向可表达为出行者的偏好和习惯等，心理特性集中解释为出行过程中交通服务水平在出行者内心的期望表达。出行者在出行过程中形成的需要、偏好、价值观反映其个性的倾向性，个性倾向不仅对出行者心理活动、身心健康有很大影响，还对客观世界的改造具有重要的引导作用。个性心理是人的气质、能力及性格等方面的总称，一般将人们能顺利完成某种活动的心理特征称为能力，能将行为态度转化为行为习惯的心理特征称为性格，心理学上一般认为自然人具有稳定、独特的心理特征[18]。

1.5　决策过程中的现象

由于决策受到多种因素的影响，所以，决策过程会呈现多种不同的行为现象，并具有不同的特点，对决策现象的分析，可以帮助我们深入认识决策行为，探讨决策行为规律。决策研究往往是在探讨和解决这些复杂多样的行为现象过程中演化的。

1.5.1　偏好的构建和变化现象

决策偏好是指决策者进行决策时对某一选项的选择倾向。经典的理性决策理论认为，在特定的决策情境中，人们拥有稳定的、明确的、可辨识的偏好顺序，并具有做出最优决策，能使偏好最大化的计算能力。后来，许多研究对决策偏好不变理论提出了质疑，认为偏好是被构建的，是变化的和模糊的。对于在同一决策情景下的决策任务，当决策者面对两个多属性的选项选择时，在不同时间点，例如，在决策过程的前、中、后三个阶段，选择偏好也会不断地变化，相对于决策前，被选择的选项的属性会受到更高的关注，而被拒绝的选项属性则受到更低的关注。对于在不同的决策情景下，决策者的偏好也会发生变化，从而适应新环境的变化。

1.5.2　多备择决策的选择偏好变化现象

假设一项选择任务中有选项 A 和 B，属性信息为 X 和 Y。选项 A 的特征是 X 属性值较高，而 Y 属性值较低，而选项 B 则相反。如果增加第三个备选项，见图 1-2 中的 S 或 D 或 C，那么决策任务由两项选择变成三项选择。

如果增加的选项为 S，则决策者选择选项 B 的概率会大致保持不变，不受影响，但是选择选项 A 的概率会因为相似选项 S 的存在而减小，且大致上与选择选项 S 的概率相等，这时认为选项 S 抑制了选项 A 的选择，也就是，在决策任务中增加新的备选方案会降低相似备选方案的选择概率，但其他备选方案的选择概率保持不变，这种现象称为相似性效应（Similarity Effect），这一行为现象违背了传统效用理论中的选项间独立不相关（IIA）的原则，见本书第 3.1.1 节 "2. 期望效用理论的基本假设"。

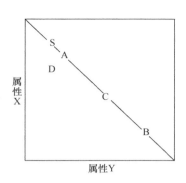

图 1-2　相似性效应、吸引效应、折中效应示意

资料来源：Huber J, Payne J W, Puto C. Adding asymmetrically dominated alternatives: Violations of regularity and the similarity hypothesis ［J］. Journal of Consumer Research, 1982, 9（1）: 90-98.

如果增加的选项为 D，选项 D 在 X 和 Y 属性上与选项 A 相比都不占优，那么，决策者选择选项 A 的概率会增大，且大于选择选项 B 的概率，选择选项 B 的概率会降低，这时认为 D 作为诱惑选项加强了 A 的选择，即在一组两个备选方案中加入一个非占优的备选方案会增加现在占优的备选方案的选择概率，这种现象称为吸引效应（Attraction Effect），这种行为现象违背了规律性原则（Regularity Principle）。

如果增加的是选项 C，位于选项 A、选项 B 之间，是选项 A 与选项 B 的折中，那么，决策者选择选项 A 或选项 B 的概率都减小，且小于选择选项 C 的概率，这种现象称为折中效应（Compromise Effect）。这种行为现象也违背了传统效用理论中的选项间独立不相关的原则。

以上这些现象违背了传统决策理论模型的一些原则，相似性效应和折中效应违反了 IIA 特性，吸引效应违反了规律性原则，这些决策过程现象，通过传统效用理论模型是不能给出合理的解释的，从决策过程角度出发，使用决策过程理论模型可以进行分析和解释。

1.5.3　时间压力下的偏好反转现象

决策需要花费时间，给予做出决策的时间不同，决策者的偏好也不同。在很多决策情境下，决策的速度和精度权衡过程（Speed-accuracy Tradeoffs）是存在的，而且，在一般情况下，选择概率会随着决策时间的减少而降低。

近年来，人们对时间压力对决策的影响研究不断增加，时间对决策的影响，最常见的解释是决策者会改变决策策略，决策者拥有一系列不同的决策策略，并根据决策情景选择一种策略。成本效益法是一种决策策略选择理论，假设决策策略可以根据其准确性和认知努力进行选择，决策策略的选择被看作是最大化准确性和最小化认知努力之间的权衡折中[20]。在决策时间限制情况下，较短的决策时间会使决策者更多地采用简单的启发式决策策略，其花费时间较短，但决策的准确性和精度较低。当决策时间较长时，决策者会较多地使用补偿性决策策略，决策准确性相对较高。

在决策策略改变的同时，决策者的个人选择偏好也会随着决策时间发生改变。Svenson 和 Edland 研究了在不同的决策时间条件下的公寓选择问题。结果显示，在较短的决策时间情况下，决策者更愿意选择低租金的公寓，而在较长的决策时间情况下，决策者选择租金较高的其他公寓可能性增加[7]。Diederich 通过个体在两次风险决策中做出的选择来分析决策时间的影响，每次风险决策都可能产生金钱奖励或惩罚。在时间压力下，所有参与者的选择概率都会发生变化，进而逆转他们的偏好[21]。

时间压力下出现的选择偏好反转现象，用传统的效用理论无法做出合理的解释，而决策的序贯抽样模型可以对这一现象进行量化分析和解释。序贯抽样模型假设个体随着时间

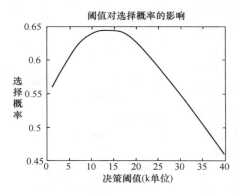

图 1-3　时间压力下的偏好反转现象

资料来源：Busemeyer J R, Diederich A. Survey of decision field theory [J]. Mathematical Social Sciences，2002，43（3）：345-370.

的推移按顺序采样信息，首先考虑重要维度上的信息，然后是次要维度上的信息，当决策时间较短时，使用较低的决策阈值，主要通过重要维度上的信息做出决策。当决策时间较长时，会使用较高的决策阈值，决策者考虑的信息较多，除了重要维度上的信息外，还包括一些其他属性信息，而且如果这些属性信息与重要维度上的属性信息不一致时，决策者在信息的处理加工过程中，其动态变化的偏好会发生反转。

如图 1-3 所示，为具有两个选项 A、B 的决策任务，选择 A 方案的概率随决策阈值的变化情况，当决策时间较短时，个体决策阈值设置在较低的水平上，决策者只根据最重要的属性信息做出选择，如只处理第一维度上的信息，这时选择 A 方案的概率会超过 0.5，而当没有决策时间限制时，有更多的考虑时间，决策者可以关注和处理选项的其他属性信息，选择 B 方案的概率会增加，且会超过 0.5，使得选择 A 方案的概率降低，从而逆转了在两个时间压力条件下的选择概率[22]。

1.5.4　习惯的形成和改变

认知心理学家一直比较关注从经验获得的认知能力的发展，Anderson's 的 ACT-R 模型假设问题解决的策略是从较慢的思考过程[23]逐渐演变到基于经验的较快的习惯性行为的过程，此时，决策主要依靠记忆提取的信息进行，决策过程较快。当决策环境不变时，决策者会使用相似的决策规则来匹配环境，如长途出行的驾驶过程遵循的"每 2 小时休息 10 分钟"的原则，是根据以往交通安全研究得到的结论，就可以直接应用。同时，在相似的决策环境下，决策者的重复决策行为会增强习惯行为的强度，信息搜索的深度也会随之减少。当决策环境发生很大的变化时，过去的行为反馈或者决策规则不再适用，决策者需要根据新的决策环境进行决策，进而建立新的行为反馈机制或者决策规则。

1.6　小结

决策是人类的一项基本行为，它渗透于人类生活的各个方面，本章从决策的基本概念、特征、分类、影响因素等方面进行了概述，同时也对出行决策的概念和主要影响因素做了分析，介绍了几个主要的决策过程中的行为现象，包括偏好的构建和变化现象、多备择决策的选择偏好变化现象、时间压力下的偏好反转现象和习惯的形成和改变现象，相关

内容为深入理解决策的理论方法奠定了基础。

本章参考文献

[1] Hastie R. Problems for judgment and decision making[J]. Annual Review of Psychology, 2001, 52(1): 653-683.

[2] 王怡璇. 施工期间 ATIS 影响下的出行决策行为[D]. 成都: 西南交通大学, 2014.

[3] 宋建秀. 任务类型与时间压力对决策过程的影响研究[D]. 石家庄: 河北师范大学, 2011.

[4] 李艾丽莎, 张庆林. 决策的选择偏好研究述评[J]. 心理科学进展, 2006(4): 618-624.

[5] Simon H A. Rationality in psychology andeconomics[J]. Journal of Business, 1986, 59(4): 209-224.

[6] Payne J W. Task complexity and contingent processing in decision making: An information search and protocol analysis[J]. Organizational Behavior & Human Performance, 1976, 16(2): 366-387.

[7] Svenson O, Edland A. Change of preferences under time pressure: Choices and judgements[J]. Scandinavian Journal of Psychology, 1987, 29(4): 322-330.

[8] Simon H A. Rational choice and the structure of the environment[J]. Psychological Review, 1956, 63(2): 129-138.

[9] 慈铁军. 基于决策者偏好的区间数多属性决策方法研究[D]. 天津: 河北工业大学, 2014.

[10] 周雯. 时间压力与情绪性权衡困难对延迟选择的影响[D]. 上海: 华东师范大学, 2010.

[11] 赵令锐, 张骥骥. 个体决策者有限理性的影响因素分析[J]. 价值工程, 2012, 31(35): 7-9.

[12] Shields M D. Effects of information supply and demand on judgment accuracy: evidence from corporate managers[J]. Accounting Review, 1983: 284-303.

[13] Fasolo B, McClelland G H. Tracing decision processes on the Web[C]. Poster presented at the annual meeting of the Society of Judgment and Decision Making, 1999.

[14] Miller P M, Fagley N S. The effects of framing, problem variations, and providing rationale on choice[J]. Personality and Social Psychology Bulletin, 1991, 17(5): 517-522.

[15] Biggs S F, Bedard J C, Gaber B G, et al. The effects of task size and similarity on the decision behavior of bank loan officers[J]. Management Science, 1985, 31(8): 970-987.

[16] Grether D M, Schwartz A, Wilde L L. The irrelevance of information overload: An analysis of search and disclosure[J]. Southern California-Law Review, 1986,

59：277-303.

[17]　曹卉．中国高速铁路客运市场旅客出行决策研究[D]．北京：北京交通大学，2017.

[18]　余豪，周江红．基于心理因素的公共交通方式选择行为研究[J]．公路与汽运，2019
（2）：23-25.

[19]　白雪菲．出行时间心理账户及心理预算对出行决策影响的实证研究[D]．南京：南
京大学，2019.

[20]　Payne J W，Bettman J R，Johnson E J．Adaptive strategy selection in decision mak-
ing[J]．Journal of Experimental Psychology：Learning，Memory，and Cognition，
1988，14(3)：534-552.

[21]　Diederich A．MDFT account of decision making under time pressure[J]．Psy-
chonomic Bulletin & Review，2003，10(1)：157-166.

[22]　Busemeyer J R，Diederich A．Survey of decision field theory[J]．Mathematical So-
cial Sciences，2002，43(3)：345-370.

[23]　Anderson J R，Lebiere C J．The atomic components of thought[M]．Psychology
Press，1998.

第2章 决 策 策 略

2.1 决策策略定义

择优选择是一个复杂的问题，可以从不同的角度进行考察，以购买房子这一相对简单的决策任务为例。首先，可以看作是一个搜索问题，由一个非常大的选项集缩减到一个非常小的满意选项集。其次，也可以看作是一个评估问题，需要对房子的价格、位置、大小、环境等多个相互冲突的属性之间进行权衡比较。最后，也可以看作是一个鉴别问题，具有竞争优势的选项可能成为最终选择。由此可见，当决策者面对含有两个或两个以上选项的决策任务时，决策者会搜集信息，对各选项的属性信息进行加工、整合，进而做出评估和鉴别，在整个选择决策过程中包含了一系列操作，决策者往往会采用不同的决策方法，有选择地利用信息，即采取一定的决策策略，进而做出选择，整个决策过程中呈现不同的决策行为特征和结果。

所以，决策策略可以定义为决策过程中使用的将初始阶段的信息和知识转化成最后的决策结果的一系列操作，在这个过程中决策者感觉到决策问题被解决了。决策策略也可以指个体在对决策任务属性信息与已有知识提取、加工过程中表现出的特征。

决策策略可以是静态的，也可以是动态的，一般来说，决策策略都认为是静态的，而动态的决策策略会随着决策环境和决策者的经验而改变。决策策略的使用贯穿于整个决策过程中，因此，对决策策略的研究，需要从决策者收集信息、加工分析的决策过程来进行，通过过程性的特征来分析决策策略[1]。

决策是使用决策策略从备选方案中选择的过程，考虑决策策略的决策数学模型可以定义为[2]：

对于备选方案集存在选择函数 C，从备选方案集 A_i 中选择选项 α_i，即如果 $C(A_i) \to \alpha_i$，$\alpha_i \in A_i$，选择函数 C 可以表示为式（2-1）：

$$C : \{A_i\} \to A_i, i \in I \tag{2-1}$$

式中　A——备选方案选择集。

对于一个决策任务 d，根据选择函数并使用决策策略进行选择，决策策略 S 可以是简单的也可以是复杂的，有时是基于多因素的决策策略的组合。

$$d = f(A_i, S) = f : A_i \times C \to A_i \tag{2-2}$$

式中　×——表示笛卡尔乘积（Cartesian Product）。

因此，对决策的研究不仅仅要关注最终的选择结果，还要从决策者的认知过程出发，关注其在面临不同复杂程度的决策任务时，采用了何种策略，进行了怎样的信息加工过程。分析和确定决策者使用的决策策略，不仅可以预测未来的决策行为和决策结果，而且也有助于设计决策支持系统。

2.2 决策策略分类

可以根据不同的原则将决策者使用的决策策略划分不同的类型，例如，补偿性决策策略和非补偿性决策策略是主要的决策策略类型，也有混合决策策略，不同的决策策略采用不同的决策方法，呈现不同的特征。

2.2.1 决策策略的分类

1. 补偿性决策策略和非补偿性决策策略

按照决策者在多属性决策任务中搜索处理信息的过程中，选项的属性信息之间是否可以补偿，一般将决策策略分为补偿性决策策略和非补偿性决策策略两大类。

补偿性决策策略是指决策者对每个选项的所有属性信息进行搜索和整合[3]。对于同一选项的不同属性信息之间，一个属性信息的优势可以弥补其他属性信息的不足，然后对所有选项进行综合比较，得出选择结果。补偿性决策策略的基本假设是选项的属性信息是相互独立的，不同属性之间可以相互补偿，因此，补偿性决策策略是一种详尽全面的决策策略，需要对大部分或所有可用信息进行采集、加工、处理、评估和组合。

非补偿性决策策略是指决策者不会对每个选项的所有属性信息进行考察，对于同一选项的不同属性信息，一个属性信息的不足无法通过其他属性信息的优势来弥补[3]。决策者往往会对各个属性按重要程度进行主观评定，或为每个属性确定最低接受阈值，通过比较排除若干选项，直到得出选择结果。非补偿策略主要通过一组关键属性上满足最低接受阈值的几个备选项来实现选择方案的减少。因此，非补偿性决策策略比补偿性决策策略具有更高的资源利用效率。当决策任务的信息量很大且超过了决策者的处理信息能力时，决策者会更多使用非补偿性决策策略。

2. 基于选项和基于属性的决策策略

根据决策者在搜索处理信息过程中采用的不同方式，可以将决策策略分为基于选项的决策策略和基于属性的决策策略。

基于选项的决策策略是指决策者针对某一选项的各个属性信息进行分析、处理后，再对下一个选项进行同样的考察，以期提高决策的质量。权重加和策略（WAD）、等值加权策略（EQW）均属于以选项为主的信息搜索决策策略[4]。

基于属性的决策策略是指决策者针对某一特定属性进行信息搜索，并比较该属性的属性值在各个选项间的差异后，再比较下一个属性的属性值在各个选项间的差异。词典策略（LEX）和方面消除策略（EBA）均属于基于属性的信息搜索决策策略[4]。

3. 其他类型的决策策略

除了以上决策策略，根据选择是否具有随机性以及决策情景是否有条件限制，还有一些其他类型的决策策略，主要包括：

（1）随机决策策略

随机决策策略是指决策者在不使用任何信息的情况下随机选择一个方案。它可以作为最小的认知努力和决策精度的评价基准。

（2）加速决策策略[4]

加速决策策略是指决策者在时间压力下，会以较快的速度来处理相关信息以达到提高决策速度的目的。在这个过程中，时间压力会使得决策者明显减少信息使用数量以及在每一个信息上花费的平均时间。加速决策策略是决策者在时间压力和限制条件下经常使用的一种策略。

（3）选择性决策策略[4]

选择性决策策略是指决策者在时间压力下，会有选择地处理有关的信息或是较为重要的信息。也就是说，决策者在时间压力下会简化决策过程，通过过滤和省略等方式有选择地查看信息，过滤是指决策者不会对一个选项的所有属性信息进行查看，而只是查看其中的一部分重要属性信息。省略是过滤策略的一种极端形式，是指为了简化决策过程而对某些属性信息完全不考虑。

2.2.2　主要的决策策略

以下对主要的补偿性决策策略和非补偿性决策策略进行详细介绍。

1. 补偿性决策策略

补偿性决策策略主要是基于选项的属性信息进行权衡，包括线性模型（Linear Model）和累加差异模型（Additive Difference Model）。

线性模型是根据选项的属性值，将同一选项的属性值累加产生一个总体效值，对比各个选项的总体效值，最后选择具有最高效值的选项。根据是否考虑属性的权重得到选项的总体效值，可以分为权重加和策略、等值加权策略、期望效用决策规则等。

累加差异模型是决策者首先对比两个选项在某一属性上的差异值，然后对比两个选项在其他属性上的差异值，进而得到两选项在所有属性上的总体差异值，以此来确定最优选项。然后，将较优的选项与下一个选项再进行类似的比较。最后选择的选项是在所有成对比较中都是占优的选项[5]。

（1）权重加和策略（Weighted Adding Strategy，WAD）

权重加和策略是指决策者必须考查决策任务中所有相关的信息，可以评估每个属性的重要度，并赋予其一定的权重值，然后对每个选项，将其影响因素属性值和权重相乘加和，得到这个选项的效用值，具有最高效用值的选项将被选择，所以，权重加和策略是一种补偿性决策策略，需要决策者的记忆和计算能力，决策者的认知负荷重，其经常被用作决策质量的评价标准。

（2）等值加权策略（Equal Weight Strategy，EQW）

等值加权策略也称为无权重加和策略，与权重加和策略的相似之处是必须对所有的选项及其属性值进行分析，不同的是，该策略不需要考虑属性的权重值，而是直接将每个选项所有的属性值进行直接加和得到效用值，简化了决策过程，并将效用值最高的选项作为最后的决策结果。

（3）期望效用决策规则（Expected Utility，EU）

对于一个决策者，面对一项决策任务，其决策过程可视为一个期望效用最大化的过程。在决策中，效用函数以决策者的决策行为结果可能得到的收益值为自变量，且每种可能的决策结果都有对应的概率，决策者会选择期望效用最大的选项作为最后的选择结果。

（4）多数优势属性策略（Majority of Confirming Dimensions，MCD）

多数优势属性策略又称为配对比较策略，该策略首先选择两个选项，在每个属性上对这两个选项进行比较，具有较多优势属性的选项会暂时被保留下来，再与其他某一选项进行同样的比较，一直进行这种成对比较，直到所有选项都被比较一次，选出最后具有多数优势属性的选项作为决策结果。多数优势属性策略与累加差异模型下的决策过程是相似的。

2. 非补偿性决策策略

非补偿性决策策略不需要决策者在属性之间进行权衡比较，主要包括满意策略（SAT）、词典策略（LEX）和方面消除策略（EBA）等。

（1）满意策略（Satisfying Strategy，SAT）

满意策略有时又称为连接策略（Conjunctive Strategy），是决策中的经典策略，该策略依据选项在选择任务中出现的顺序，每次只考虑一个选项，并将此选项的所有属性值与决策者自己设定的决策阈值进行比较[4]。如果该选项的任何属性值都不满足决策阈值，将排除该选项；如果该选项所有属性值都满足预先设定的决策阈值，则选取该选项作为最终的决策结果。如果所有选项的属性值都无法满足决策阈值，则需重新设定决策阈值并重新进行类似的比较。满意策略是基于选项的、有选择的非补偿性决策策略。

（2）词典策略（Lexicographic Stategy，LEX）

词典策略是决策者首先要确定决策任务中最重要的属性因素，然后在该属性上比较各选项间的差异，并选出在该属性上最好的选项[4]。如果选择的选项有多个，即无法就此属性区分选项的优劣，则继续在次重要的属性上进行类似的比较，直到有一个选项被选取为止。词典策略是基于属性的非补偿性决策策略。

（3）方面消除策略（Elimination by Aspects，EBA）

方面消除策略是指决策者首先将各个属性按照重要性进行排序，并给出每个属性的可接受的决策阈值。从最重要的属性开始，在此属性上的值低于该属性可接受决策阈值的选项将首先被排除，然后在次重要属性上重复进行这样的排除操作，直到剩下最后一个选项为止。方面消除策略是基于属性的、有选择的非补偿性决策策略[6]。

3. 组合决策策略

在面对复杂的多属性多选项决策任务时，为了适应决策情景的变化，决策者有时会采用两种或两种以上的决策策略，即组合决策策略。

典型的组合策略是在决策的初始阶段，将一些不满足自己设定的决策阈值或不满意的选项排除，进而对剩余的选项进行细致的考虑，这样的结合可以减少个体的认知负担，提高决策的效率。例如，初始阶段使用方面消除策略将选项的数量减少到 2～3 个，然后再使用补偿性决策策略的权重加和策略来做出最后的选择。

2.3　决策策略的区分特征

如果要区别决策策略，可以通过以下特征来区分：

（1）考虑的属性信息数量：有的决策策略不会考虑所有可得的属性信息进行决策，而有些会考虑所有属性信息进行决策。因此，可以通过决策过程中使用处理的属性信息数量来区分决策策略。

（2）基于选项或属性的决策信息处理过程。基于选项的决策信息处理过程，是某一选项的所有属性信息分析处理完后，再考虑下一个选项的属性信息。基于属性的决策信息处理过程，是在某一属性上分析对比几个选项的属性信息后，再以同样的方式考虑其他属性。

（3）属性上的信息查看数量差异性：通过在属性上处理分析的信息数量的差异程度来区分决策策略，也就是信息处理的有选择性和一致性。

（4）选项上的信息查看数量差异性：通过在选项上处理的属性信息数量的差异程度来区分决策策略。

（5）选项筛选情况：在做出最后选择前对选项的筛选情况。

（6）是否考虑属性权重：一些决策策略考虑属性的重要性，即使用属性的权重，而有些决策策略不使用属性权重。

（7）是否考虑决策阈值：一些决策策略会考虑决策阈值水平，一些决策策略则不考虑。

（8）是否允许属性之间的补偿：决策策略可以通过是否允许属性之间的补偿来区分，也就是补偿性和非补偿性决策策略。

（9）定量或定性的推理：基于简单的对比分析的决策策略认为是定性推理，基于加、减、乘等较复杂的计算过程的决策策略认为是定量推理。

以下给出了 6 个决策策略在 9 个特征上的对比情况，见表 2-1。

决策策略的特征　　　　　　　　　　　　　　　　表 2-1

特征	权重加和策略	等值加权策略	多数优势属性策略	满意策略	词典策略	方面消除策略
1. 是否忽略效用值？是(Y)或否(N)	N	N	N	Y	Y	Y
2. 基于选项(O)或属性(A)的搜索？	O	O	A	O	A	A
3. 属性上的搜索一致性(C)或选择性(S)？	C	C	C	S	S	S
4. 选项上的搜索一致性(C)或选择性(S)	C	C	S	S	S	S
5. 在选择之前是否筛选选项？是(Y)或否(N)	N	N	Y	Y	Y	Y
6. 是否使用属性权重？是(Y)或否(N)	Y	N	N	N	Y	Y
7. 是否使用决策阈值？是(Y)或否(N)	N	N	N	Y	N	Y
8. 补偿(C)或非补偿(N)？	C	C	C	N	N	N
9. 定量(QN)或定性(QL)推理？	QN	QN	QN	QL	QL	QL

资料来源：Riedl R，Brandstätter E，Roithmayr F. Identifying decision strategies：A process-and outcome-based classification method[J]. Behavior Research Methods，2008，40（3）：795-807.

2.4 决策策略的选择

决策者会根据不同的决策任务和决策情境使用不同的决策策略。如何确定决策者使用的决策策略，需要首先分析决策策略的选择机制，进而研究决策策略的选择方法。

2.4.1 决策策略选择机制

对决策者决策策略的选择使用，可以通过对决策准确性、认知努力、决策时间等相关因素的分析来确定，有时需要建立量化的决策策略选择方法来进行判断，决策策略的选择是人类认知能力和决策环境共同作用的结果。

当面对一项决策任务时，个体要选择应用一定的决策策略，根据策略选择的机制，决策策略的选择可以分为三类：决策方法（Decision Approach）、学习方法（Learning Approach）和情景方法（Context Approach）。

（1）决策方法

假设由决策者决定如何选择决策策略，决策者基于应用该决策策略花费的决策成本（花费的时间和认知努力）和该策略带来的收益（决策结果的预期精度），对备选决策策略进行权衡评估，进而选择具有最好的权衡结果的决策策略。因此，决策方法选择机制是基于效用最大化的策略选择方法。Payne 等提出的适应性决策策略选择模型（Adaptive Strategy Selection Model）是一个常见的例子[7]，该模型理论认为决策策略的选择受到决策者特征、决策任务和决策情境的影响，并最终由决策者对应用决策策略付出的认知努力与决策结果收益之间的权衡来决定。

（2）学习方法

假设决策策略选择是自下而上的模式，通过反馈学习，决策者可以获得决策策略选择的规则，这些过程可以用强化学习或决策规则的形成来描述。人们会根据过去决策中习得的应用不同策略带来的结果的情况作为基础，来决定在以后的决策中采用什么样的决策策略。在实际操作中，决策策略的选择可以通过线索识别来实现，这些线索显示了在反复出现的情景下决策策略使用的正确性。Klein 的认知主导决策模型（Recognition Primed Decision Model，RPD）就是比较典型的一个，在该模型框架下，人的决策在很大程度上受到过去经验的影响[8]。决策者需要对决策环境进行评估，根据经验来提取决策态势特征，并结合记忆选择与之适合的决策方案。当该方案基本满足决策者的要求时，将付诸实施；否则，将进行选择其他方案直至决策者基本满意。通过学习方法来分析决策策略，其优点是考虑学习经验的作用，但是无法预测在新的决策情景下的策略选择问题[9]。在面对新的决策环境，没有过去学习经验的情况下，人们需要建立适合新环境的系统的策略选择方法。

（3）情景方法

这种方法没有明确的决策策略选择机制，主要关注于决策任务和决策情景因素，并受到认知能力和动机的影响，以此来确定使用的决策策略类型，最突出的例子是来自态度研究的双过程模型，例如，Fazio 的模式模型（MODE Model），该模型认为内隐态度是自发加工的结果，它是自动激活的[10]。这类模型是假设认知能力和动机是策略选择的关键决定因素。如果认知能力受到限制（如分心）且动机水平较低，决策者将依赖于低认知努力的启发式决策策略或自动响应决策机制。相比之下，如果决策者具有较高的认知能力和高水平的动机，会考虑使用可以对决策信息进行深入思考的决策策略。

2.4.2　决策策略选择方法

对于多属性多选项决策任务，决策者在做决策时通常会对多方案的多属性信息进行整合，会根据决策情境选择使用决策策略，不同的人可能会选择不同的决策策略。而采用不同的决策策略所带来的决策结果也不同，决策的效率和质量也会有差异。

从 20 世纪 60 年代中期开始，有大量的关于决策的认知过程的研究，主要有两种研究方式，其中，结构化方法是通过描述信息输入和决策结果之间的关系，分析决策者使用的决策策略，所以，在结构化模型中，会通过数学模型建立选项属性信息与选择结果的关系，来分析决策行为。结构化模型的主要问题是不考虑决策过程，而基于过程的分析技术，如过程追踪技术（Process Tracing Techniques）可以直接揭示信息输入与决策结果之间的决策过程[11]。为了确定个体在一定决策情境中使用的决策策略，也有研究提出可以综合使用多种方法来分析，如同时使用结构化方法和过程分析技术方法来确定决策者使用的决策策略。

1. 成本效益法（Cost-benefit Approach）

在认知科学和决策科学研究中，通常使用成本效益法来研究和解释人们在决策过程中对决策策略的选择和使用。

成本效益法是指决策者使用的决策策略，可以根据付出的认知努力和使用其带来的决策结果准确性（效益）来确定。决策策略的选择可以看作是在最大限度地增加决策的收益和降低认知努力之间权衡的结果。对于不重要的或存在时间限制的决策任务，决策者被迫选择那些花费时间少、准确性较低的简单决策策略，这些决策策略不涉及复杂的计算，如词典策略或方面消除策略。相反，面对重要的决策任务，决策者可能会采用需要付出较多认知努力的决策策略，如权重加和决策策略，以获得较好的决策结果。成本效益法通常应用在包含两个或多个备选方案的决策任务中，Payne 等提出的适应性决策策略选择模型就是基于成本效益法的一种决策方法[12]。

根据成本效益法，决策者对于决策策略的选择可以看作是认知努力成本和效益的函数。

认知努力成本主要是指使用决策策略付出的努力，Newell 和 Simon 的研究显示，认知努力可以通过决策过程中使用的信息元素操作数量来测量，决策策略的使用可以分解为一系列基本的信息处理过程（Elementary Information Processed，EIPs），包括提取选项的属性信息、对比信息、分析信息等。决策中使用某个决策策略过程中的所有 EIPs 数量或所花费的时间，可以作为衡量认知努力成本的指标[13]。

效益主要是指使用一个决策策略选取最优选项的能力，即决策结果的准确性。决策的效益可以从多方面进行定义，基本原则是与最优方案相比的一致性，补偿性决策策略中基于期望效用的决策策略经常用来作为决策准确性的评价标准。此外，补偿性决策策略中的权重加和策略也是可以产生最好选择结果的决策策略，也可以作为决策准确性的评价标准。决策效益可以根据使用某一决策策略所获得的决策结果，与以上补偿性决策策略得到的决策结果相一致的比例来衡量。

由于采用各种决策策略的成本和效益都不同，成本效益法可以为解释决策者在不同情境下采用不同的决策策略提供了方法。

2. 过程分析法

（1）数据拟合法和口语报告分析法

早期对决策者使用的决策策略的确定方法，主要采用数据拟合法和口语报告分析法。数据拟合法是把实际获得的决策数据与使用某种决策策略所预测的结果进行拟合，选择拟合程度较高的决策策略作为决策者采用的决策策略。口语报告分析法是根据决策者在决策过程中的认知操作的大声报告，来判定其使用的决策策略的情况，是一种决策过程的自我追踪技术。

这些方法可以对决策者使用的决策策略进行分析，但有时也很难明确区分不同的决策策略，尤其对于混合策略的确定更为困难，此外，这些方法不能对各决策策略在决策过程中的应用效果进行量化的分析，操作难度较大[14]。

（2）信息搜索活动分析法

通过决策过程中的信息搜索活动，利用定量化的指标来分析决策策略的使用，国外的不少研究尝试采用这类方法，提出了策略指数（Strategy Index，SI）、策略量值（Strategy Measure，SM）、多步跳转（Multi-step Transition，MT）分析法等。这些方法是在计算机屏幕上呈现决策任务的信息矩阵，通过实验记录决策者的信息搜索过程，进而根据其信息搜索活动来分析决策者使用的决策策略类型[14]。

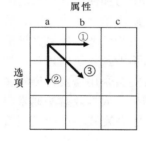

图 2-1　单步跳转类型
资料来源：何贵兵．多特征决策策略的信息搜索模式分析[J]．应用心理学，2000，6（1）：44-48.

1）单步跳转分析法（Single-step Transition）

单步跳转分析法是较早的通过信息搜索活动分析决策策略的方法。一个单步跳转是指搜索活动从一个信息矩阵单元到下一个信息单元的一次转移。图 2-1 呈现了 3×3 的多属性多选项决策信息矩阵，其中的每个信息单元表示某一选项在某个属性上的信息值。当决策者查询某个信息单元时，相应的信息就显示出来，并由计算机记录信息查看的过程。

单步跳转的 3 种典型形式包括基于选项的跳转（①型）、基于属性的跳转（②型）和混合跳转（③型）。①型跳转是指决策者依次打开一个选项的两个属性信息单元格，反映了补偿性决策策略的使用。②型跳转是指决策者依次打开一个属性下的两个选项的信息单元格，反映了非补偿性决策策略的使用。③型跳转是基于选项和属性跳转的组合。

这些单步跳转类型为识别决策策略的类型提供了重要的信息，是从决策过程进行决策策略识别的基本依据。

2）策略指数（SI）

Payne 等首先用策略指数来分析决策策略的使用情况，这个指数是通过决策信息搜索活动中获得的两类单步跳转的相对频次来计算[15]。公式如下：

$$SI = \frac{(N_1 - N_2)}{(N_1 + N_2)} \qquad (2\text{-}3)$$

式中　N_1——决策者在信息搜索过程中基于选项的跳转（①型）的数量；

　　　N_2——基于属性的跳转（②型）的数量。

SI 在 -1～$+1$ 之间变化，当 $SI>0$ 时，说明决策者主要使用的是基于选项的补偿性决策策略，当 $SI < 0$ 时，说明决策者主要使用的是基于属性的非补偿性决策策略。

基于信息搜索活动的策略指数可以非常直接地、数量化地确定使用的决策策略类型，但也常常不能准确地确定决策策略类型，对策略的识别不够精细。而且，随着属性或选项数量的变化，会带来信息矩阵的行数或列数的变化，使得信息矩阵更扁平或更高耸，使得策略指数的值在不同决策任务之间也不具有可比性。因此，策略指数的值与信息矩阵有密切关系，一般来说，属性数量多于选项数量的扁平信息矩阵的策略指数值可能会大于选项较多的高耸信息矩阵，前者多为正值，后者多为负值。

3）策略量值（SM）

Bokenholt 和 Hynan 在 Payne 的策略指数公式的基础上，提出了更具有统计特性的、对信息矩阵维度变化敏感程度更低的修订公式。为了与策略指数加以区分，这里称之为策略量值[16]。其公式如下：

$$SM = \frac{\sqrt{N}(N_a N_b / N)(N_1 - N_2) - (N_b - N_a)}{\sqrt{N_a^2(N_b - 1) + N_b^2(N_a - 1)}} \tag{2-4}$$

式中　N——对信息矩阵单元的总查看跳转次数；

　　　N_a——选项数量；

　　　N_b——各选项的属性数量。

Bockenholt 和 Hynan 运用模拟数据进行蒙特卡洛（Monte Carlo）分析，证明了策略量值方法比策略指数方法更好。但也有相关研究表明，策略量值仍对信息矩阵维度变化敏感，并受总跳转次数的影响。根据策略量值来确定决策者在不同复杂程度的决策任务中使用的决策策略是不完全可靠的，还需要进一步的研究。

4）信息搜索模式比例值

Riedl 等提出了以采用补偿性决策策略下的信息搜索模式比例值作为基准，用容许阈值来确定决策者使用的决策策略的方法[11]。

考虑一个由 N_a 个选项和 N_b 个属性构成的决策信息矩阵。假设采用补偿性决策策略，如权重加和策略和等值加权策略，对于某一选项，在所有属性之间跳转的次数是$(N_b - 1)$（不计重复查看），则所有选项的总跳转次数 N_1 为式（2-5）：

$$N_1 = (N_b - 1) \times N_a \tag{2-5}$$

当决策者查看完一个选项的所有信息单元格后，会转向下一个选项。这种转换可以是基于属性的，也可以是混合的。选项之间的跳转次数为：

$$N_2 + N_3 = N_a - 1 \tag{2-6}$$

$$0 \leqslant N_2 \leqslant (N_a - 1); \ 0 \leqslant N_3 \leqslant (N_a - 1); \ N_2 + N_3 \geqslant 1$$

式中　N_2——基于属性的（②型）的跳转数量；

　　　N_3——混合跳转（③型）的数量。

根据以上公式，对于 5×3 的决策信息矩阵，$N_1 = 10$，$N_2 + N_3 = 4$，如图 2-2 的上行图所示，图中箭头表示信息搜索方向，如果是 5×5 的信息矩阵，则 $N_1 = 20$，$N_2 + N_3 = 4$，如图 2-2 的下行图所示。而且图中第一列上下两个信息矩阵中没有混合跳转类型的信息搜索模式，即 $N_3=0$，中间列上下两图中没有基于属性的信息搜索跳转模式，即 $N_2=0$，最后一列上下两图中基于选项的、属性的和混合跳转信息搜索模式都存在。

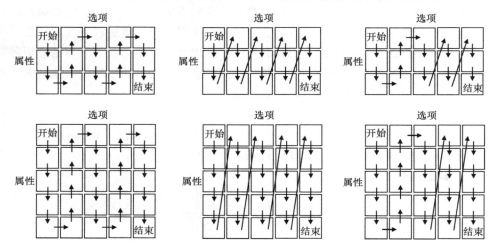

图 2-2　不同信息搜索模式

资料来源：Riedl R，Brandstätter E，Roithmayr F. Identifying decision strategies：A process-and outcome-based classification method［J］. Behavior Research Methods，2008，40（3）：795-807.

对任何一个 $N_a\times N_b$ 的决策信息矩阵，可以计算决策者的信息搜索模式比例值 R 为：

$$R=\frac{N_1}{(N_2+N_3)}=\frac{[(N_b-1)\times N_a]}{(N_a-1)} \tag{2-7}$$

以上公式为在给定的决策信息矩阵下，基于选项的总跳转次数与基于属性的和混合跳转次数之和的比值，类似也可以计算决策者在实际决策过程中的信息搜索模式的比例值，如果决策者在实际决策中的信息搜索模式比例值越偏离式（2-7）计算的结果，则表示决策者更少使用补偿性决策策略。

实际应用中，可以设置一个容许比例阈值 x 来区分使用的决策策略，如果决策者在实际决策过程中的信息搜索模式比例值为 r，且 $|R-r|<x$ 时，可以认为其使用的决策策略主要为补偿性决策策略，否则可以认为主要使用的是非补偿性决策策略。

（3）多步跳转分析法

单步跳转分析法比较简单，只涉及两个信息单元，但是不能分析由多个单步跳转构成的信息搜索模式，基于单步跳转获得的策略指数等指标由于依赖于决策信息矩阵的维度，难以在复杂的决策环境中对决策者使用的决策策略进行很好的辨识。

Ball 提出了多步跳转的决策策略分析方法，一个多步跳转是由多个单步跳转组成，涉及更多的信息单元[17]。多步跳转由于考虑了多个单步跳转之间的关系，可以充分利用决策者信息搜索过程的信息，更好地确定决策者使用的决策策略。

在实际的多步跳转分析中，遵循由简到繁的原则，可以把复杂的跳转放在后面分析。通过信息搜索活动中的每类跳转模式的信息单元获取数量占全部信息单元获取数量的百分比，来评价各类跳转模式在信息搜索活动中所起的作用。

图 2-3～图 2-7 为 6 种决策策略的多步跳转模式，图中箭头表示信息搜索方向，数字表示各选项的属性值，可以看出其能较好地分辨不同的决策策略，但是有时也不能很好地

区分在信息搜索模式上差别不大的决策策略[14]。

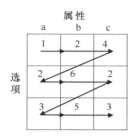

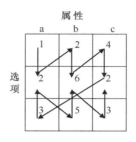

图 2-3　权重加和（等值加权）策略　　　图 2-4　多数优势属性策略

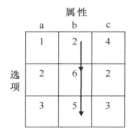

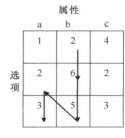

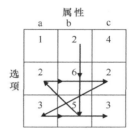

图 2-5　词典策略　　　图 2-6　方面消除策略　　　图 2-7　混合策略

资料来源：何贵兵．多特征决策策略的信息搜索模式分析［J］．应用心理学，2000，6（1）：44-48.

3. 动态适应分析法

从进化论的角度出发，其认为生物在生存环境中时时刻刻都存在着机遇和需要，比如食物提供饮食，洞穴提供保护，如果将这种方法用来研究决策策略的选择，则认为认知能力（如记忆）给人类选择和使用不同的决策策略提供了"机遇"，而如何完成决策任务则是"需要"。美国人类学家约翰·图比（John Tooby）和伊文·德沃尔（Irven Devore）提出了认知生态位（Cognitive Niche）的概念，相应的模型称为认知生态位模型，其认为个体有一系列新的适应能力，可以根据不同的情境应用不同的策略，或者说认知系统根据不同的决策环境为决策者提供不同的策略[18]。

在过去几十年的决策研究中，大量证据也表明决策者会根据决策任务及决策环境的不同来进行决策策略的转换选择，即决策者在整个决策过程中可能不只使用一种决策策略，而一般的决策策略选择方法是假设每个决策者使用一种决策策略，所以需要动态的分析决策者对决策策略的使用。

首先，决策任务中的备选方案数量会影响到决策策略的转换，随着选项数量的增加，决策策略的选择也由更为全面的补偿性模式转换到更快的消除模式。Payne 的研究发现，在多备择多属性决策任务中，决策者可以先使用非补偿性决策策略，减少选项数量，再使用补偿性决策策略得到最后的选择，这说明了存在使用组合决策策略进行选择的情况[19]。一个简单的例子是决策者开始使用方面消除策略，快速排除在属性上不满足自己要求的选项，再使用权重加和策略来仔细考虑剩余几个选项，进而做出选择。

其次，决策任务中是否有时间压力也影响到决策策略的转换，在无时间压力的情况下，决策者常常采用以选项为主的信息搜索策略，而在时间压力情况中，决策者更倾向于使用以属性为主的信息搜索策略，即决策者在面临时间压力时，最常见的反应是从使用耗费较大认知成本的补偿性决策策略转换为使用较不费力的非补偿性决策策略来简化决策任务。

2.5　小结

决策策略的使用贯穿于整个决策过程中，面对不同的决策任务和决策情境，不同的人可能使用不同的决策策略，进而带来不同的决策结果。本章首先给出了决策策略的定义，进而对决策策略进行了分类和主要决策策略的介绍，总结了决策策略的区分特征，介绍了决策策略的选择机制和确定方法，包括成本效益法、过程分析法和动态适应分析法。通过对决策策略的认识可以有助于深入分析决策行为和预测决策结果。

本章参考文献

[1]　宋建秀. 任务类型与时间压力对决策过程的影响研究[D]. 石家庄：河北师范大学，2011.

[2]　Wang Y, Ruhe G. The cognitive process of decision making[J]. International Journal of Cognitive Informatics and Natural Intelligence（IJCINI），2007，1(2)：73-85.

[3]　杜洪涛. 生态理性：决策环境对决策者信息加工和决策策略的影响[D]. 西安：陕西师范大学，2012.

[4]　刘金平，李红锋. 时间压力下的决策策略和决策理论[J]. 河南大学学报(社会科学版)，2008，48(6)：73-78.

[5]　Tversky A. Intransitivity of preferences[J]. Psychological Review，1969，76(1)：31-48.

[6]　Tversky A. Elimination by aspects：A theory of choice[J]. Psychological Review，1972，79(4)，281-299.

[7]　Payne J W, Bettman J R, Johnson E J. Adaptive strategy selection in decision making[J]. Journal of Experimental Psychology：Learning, Memory, and Cognition，1988，14(3)：534-552.

[8]　Klein G A. Sources of power：How people make decisions[M]. MIT press，1999.

[9]　Glöckner A, Betsch T. Modeling option and strategy choices with connectionist networks：Towards an integrative model of automatic and deliberate decision making[J]. MPI Collective Goods Preprint，2008（2008/2）.

[10]　Fazio R H. Multiple processes by which attitudes guide behavior：The MODE model as an integrative framework[M]. Advances in Experimental Social Psychology. Academic Press，1990，23：75-109.

[11]　Riedl R, Brandstätter E, Roithmayr F. Identifying decision strategies：A process- and outcome-based classification method[J]. Behavior Research Methods，2008，40(3)：795-807.

［12］ Diederich A. Dynamic stochastic models for decision making under time constraints ［J］. Journal of Mathematical Psychology，1997，41(3)：260-274.

［13］ Newell A，Simon H A. Human problem solving［M］. Prentice-Hall Englewood Cliffs，NJ，1972.

［14］ 何贵兵. 多特征决策策略的信息搜索模式分析［J］. 应用心理学，2000，6(1)：44-48.

［15］ Payne J W，Bettman J R，Johnson E J. The adaptive decision maker［M］. Cambridge university press，1993.

［16］ Böckenholt U，Hynan L S. Caveats on a process-tracing measure and a remedy［J］. Journal of Behavioral Decision Making，1994，7(2)：103-117.

［17］ Ball C. A comparison of single-step and multiple-step transition analyses of multiattribute decision strategies［J］. Organizational Behavior and Human Decision Processes，1997，69(3)：195-204.

［18］ Schulte-Mecklenbeck M，Kühberger A，Ranyard R. The role of process data in the development and testing of process models of judgment and decision making［J］. Judgment and Decision Making，2011，6(8)：733-739.

［19］ Payne J W. Task complexity and contingent processing in decision making：An information search and protocol analysis［J］. Organizational Behavior & Human Performance，1976，16(2)：366-387.

第3章　决策行为理论模型

决策行为理论模型主要包括基于结果的决策行为理论模型、描述性的决策行为理论模型、基于过程的决策行为理论模型和组合决策行为理论模型。基于结果的决策行为理论模型主要研究个体如何对备选方案的发生概率和效用进行评估，以及在此基础上做出何种选择，主要使用效用最大化理论，并做了很多理性的假设。描述性决策行为理论模型主要关注个体是如何做出决定的，而不是只关注决策结果，侧重于描述心理调整过程对决策结果的影响。基于过程的决策行为理论模型主要关注个体面对决策任务时进行评估和选择等一系列过程中的认知、情绪等心理活动。

3.1　关注结果的决策理论模型

很长一段时间以来，关于决策的研究都是在基于结果的框架下进行的，属于经济学领域的研究模式。理论模型有早期的期望效用理论模型和随机效用理论模型，期望效用理论模型认为个体的选择均以客观或主观的概率和效用为依据，是一种标准化的理性决策理论方法。而随机效用理论模型则认为效用是一个随机变量，也属于效用最大化理论框架下的方法。

3.1.1　早期的期望效用理论模型

1. 期望效用理论模型的发展演化

决策理论有着悠久的历史，早期的效用理论包括期望值理论（Expected Value，EV）、期望效用理论（Expected Utility Theory，EU）、主观期望效用理论（Subjective Expected Utility，SEU）和等级依赖效用理论（Rank Dependent Utility，RDU）。

从 17 世纪开始，由帕斯卡（Pascal）和费马（Fermat）提出的赌博概率理论不断发展，考虑一个决策任务，可以抽象并表示为在一系列行动 X 中进行选择的问题，这些行动具有 n 个可量化的结果 $\{x_1, ., x_n\}$，每一个结果发生的概率为 $\{p_1, ., p_n\}$。最初的想法是决策者应该选择具有最大期望值的选项，即期望值理论（EV）[1]。

$$EV(X) = \sum_{i=1}^{n} p_i x_i \qquad (3-1)$$

例如，进行一个包含两个选项 A 和 B 的选择，方案 A：100％的机会获得 100 万元，方案 B：89％的机会获得 100 万元，10％的机会获得 500 万元，还有 1％的机会一无所获。根据期望值理论 $EV(B) = 139$ 万元＞100 万元＝ $EV(A)$，所以决策者应选择方案 B。

当期望值理论逐渐被广泛接受时，人们发现大多数人并没有按照期望价值规则做出选择。在选择决策时，人们并不客观地看待决策结果（货币），而是主观地看待，举例来说，对于磨坊主和百万富翁来说，1000 元的主观价值并不相同，带来的心理感受也不同。

因此，在 1738 年，伯努利（Bernoulli）对期望值理论模型进行了改进，提出用主观

效用函数 $u(x_i)$ 来代替客观结果 x_i，并认为决策者应选择具有最大期望效用的选项，即期望效用理论（EU）。

$$EU(X) = \sum_{i=1}^{n} p_i u(x_i) \qquad (3\text{-}2)$$

期望效用理论作为决策的理性基础，可以解释实际的决策行为，且很容易对效用函数的心理意义进行解释，并逐渐被经济学家接受。

在 1954 年，萨维奇（Savage）对期望效用理论做了进一步的扩展，提出了主观期望效用理论（SEU），该理论在备择方案发生概率基础上增加了决策者的主观性，即决策结果被赋予主观概率 π_i，认为个体并不完全遵照其客观发生概率进行决策。

$$SEU(X) = \sum_{i=1}^{n} \pi_i u(x_i) \qquad (3\text{-}3)$$

主观期望效用理论也遵从决策的理性假设，并依此来解释决策行为。

2. 期望效用理论的基本假设[2]

期望效用理论的提出是建立在一系列的理性假设和公理基础之上的，进而来分析决策者在不确定条件下对备选方案的选择，所以，这些假设与公理非常的重要，它是决策的前提条件，包括有序性、占优性、可传递性、独立不相关特性等，以下对其进行简单介绍。

假设 1：有序性

有序性原则是一条严格的假设，是指备选方案之间一定要具有可比性，决策者对任意两个备选方案 A 和 B，决策者的主观偏好可以是没有差异，即 A≈B，也可以是偏好其中一个方案，即 A≥B 或者 A≤B。

假设 2：占优性

占优性分为两类，一类是强势占优，另一类是弱势占优。两个方案 A 与 B 相互比较，如果方案 A 在各个方面都优于方案 B，则方案 A 对于方案 B 就是强势占优，如果方案 A 至少在某一方面比方案 B 好，则方案 A 相对方案 B 是弱势占优。理性的决策者在多方案选择时，一般会选择具有强势占优或是弱势占优的方案。

假设 3：可传递性

对于任意三个备选方案 A、B 和 C，当进行方案 A 和方案 B 比较时，决策者偏向方案 A，当进行 B 和 C 比较时，决策者偏向方案 B，则当方案 A 和方案 C 进行比较时，决策者肯定更偏向方案 A。即在两两方案进行比较时，如果 A≥B 且 B≥C，则存在 A≥C。

假设 4：独立不相关特性（Independence of Irrelevant Alternatives，IIA）

对于已经存在的两个备选方案 A 和 B，加入一个方案 C，不会改变决策者对已有方案的选择偏好。独立性假设说明决策者在对方案进行选择的时候是完全独立的，对方案的偏好不会因为决策任务的变化而发生大的变化。

3. 与期望效用理论相矛盾的悖论

期望效用理论由于其简单灵活的特性，是分析不确定情况下决策行动的重要理论。然而在实际中，由于现实世界的复杂性，有时不一定按照理性决策提出的假设和公理进行决策，往往出现很多违背期望效用理论的现象，表明期望效用理论在实际决策中是存在不足的。

（1）阿莱斯悖论（Allais Paradox）

20 世纪 50 年代初期，法国经济学家、诺贝尔经济学奖获得者阿莱斯（Allais）指出期望效用理论在充满风险的不确定性决策问题中不能很好地解释实际行为现象[3]，他做了一个著名的实验，来验证他所提出想法的正确性，后来人们把该实验称为阿莱斯悖论。

阿莱斯设计了两个赌局，让被试自由选择赌局中的备选方案 A 和 B。

决策问题 1：方案 A：100％的机会获得 100 万元；方案 B：10％的机会获得 500 万元，89％的机会获得 100 万元，1％的机会什么也得不到。

决策问题 2：方案 A：11％的机会获得 100 万元，89％的机会什么也得不到；方案 B：10％的机会获得 500 万元，90％的机会什么也得不到。

实验结果显示，对于决策问题 1，大多数人选择了方案 A 而不是方案 B，然而，方案 B 的期望值是 139 万元，显然大于方案 A 的 100 万，人们更倾向于保守地选择一个收益确定的方案。对于决策问题 2，大多数人选择了方案 B，相应的解释是 10％和 11％相差甚小，然而 100 万元和 500 万元的差距却比较大，并且方案 B 的期望值大于方案 A。这样的结果有悖于期望效用理论的假设。

（2）传递性的挑战

传递性是期望效用理论的基本假设之一，认为对选项的偏好可以传递，而实际上，由于决策过程中涉及的因素很多，决策方法也有很大不同，所以传递性往往不成立。例如 May 研究的婚姻对象选择问题：共有三个选择对象，他们分别在学识、外貌、财富中的任意两项中有优势，剩余的一项为劣势的时候，传递性不成立[4]。

上述分析显示，期望效用理论提供的一些基本假设在实际中往往不成立。人们的决策往往因为有限的信息和复杂的决策任务呈现一些非理性的行为现象，而此时，这些决策行为已不能用期望效用理论来描述了，需要探索新的理论方法来进行解释，以更真实地描述人们的决策行为。

3.1.2 随机效用理论模型

随机效用理论模型在经济分析中占据主导地位，无论是在理论层面还是在计量层面。随机效用理论是假设个体使用随时间和环境变化的可变效用来选择效用最高的选项，其效用函数中含有误差项，代表诸多不确定因素的影响，根据对模型误差的假设不同，随机效用模型也有所不同，主要包括多项 Logit 模型（Multinomial Logit Model，MNL）、嵌套 Logit 模型（Nested Logit Model，NL）、多项 Probit 模型（Multinomial Probit Model，MNP）、混合 Logit 模型（Mixed Logit Model，ML）、潜在分类模型（Latent Class Model，LCM），还有与结构方程结合的 SEM-Logit 模型等，随机效用理论是基于结果的决策理论模型，不关注和解释决策的心理决策过程，也被称为"黑箱"模型。

1. 多项 Logit 模型

随机效用理论定义为，给定一个选项集，每个选项被分配一个随机效用，由所有选择集的单一联合分布函数表示。假设决策者根据效用最大化原则进行理性决策，个体选择选项 i 的效用函数可以分为两个部分，非随机变化部分（固定项）和随机变化部分（随机项），效用函数的数学表达式为式（3-4）：

$$U_{in} = V_{in} + \varepsilon_{in} \tag{3-4}$$

式中　V_{in}——个体 n 对于选项 i 的效用的固定项；

ε_{in}——个体 n 对于选项 i 的效用的随机项。

效用的固定项可以表示为如式（3-5）所示的线性函数：

$$V_{in} = \sum_{k=1}^{K} \theta_k X_{ink} \tag{3-5}$$

式中　K——选项的影响因素数量；

　　　θ_k——待估计的系数值；

　　X_{ink}——个体 n 选择选项 i 的第 k 个影响因素。

假设随机项服从独立不相关的极值分布，可以得到多项 Logit 模型，如式（3-6）所示[5]：

$$P_{in} = \frac{\exp(V_{in})}{\sum_{j \in A_n} \exp(V_{jn})} \quad i,j \in A_n \tag{3-6}$$

式中　P_{in}——个体 n 选择选项 i 的概率；

　　　A_n——选项集合。

多项 Logit 模型是最常见的随机效用模型。如果以上模型的选项数量为两项，则为二项 Logit 模型，这也是最简单的一类随机效用模型。这些模型的关键假设是认为误差项是独立的，即备选方案的效用之间也是独立的，所以，这些模型具有独立不相关特性（IIA）。多项 Logit 模型可以采用最大似然估计法进行模型参数的标定。

2. 嵌套 Logit 模型

嵌套 Logit 模型是根据选项之间的相互关系，把选择集划分为若干子集，称为嵌套[6]（图 3-1）。效用函数的误差项可以在每个子集内的选项间相互关联，但是在子集之间是不相关的。在这种假设下，独立不相关特性（IIA）适用于一个嵌套子集内的所有选项，但不适用于跨子集嵌套的选项。因此，在考虑了可选项之间的相关性的基础上，这类模型可以解释一些违反独立不相关特性（IIA）的决策行为现象，更贴近现实情况。

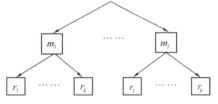

图 3-1　嵌套 Logit 模型结构图

嵌套 Logit 模型可以通过以下公式表示：

$$P_n(r \mid m) = \frac{e^{\beta' x_{mr}}}{\sum_{k=1}^{R_{mn}} e^{\beta' x_{mk}}} \tag{3-7}$$

$$P_n(m) = \frac{e^{(\alpha' \omega_m + \lambda_m I_m)}}{\sum_{j=1}^{M_n} e^{(\alpha' \omega_j + \lambda_j I_j)}} \tag{3-8}$$

$$I_j = \ln \sum_{k=1}^{R_{mn}} \exp(\beta' x_{mk}) \tag{3-9}$$

式中　m_j——上层模型的选项，$j = 1, 2, \cdots, M_n$；

　　　r_k——下层模型的选项，$k = 1, 2, \cdots, R_{mn}$；

$P_n(r \mid m)$——个体 n 在 m 选项下选择下一层中选项 r 的概率；

　$P_n(m)$——个体 n 选择选项 m 的概率；

M_n——上层模型的选项的数量；

R_{nvi}——m 选项节点的下一层选项的数量；

x_{mr}——下层模型的可观测变量（影响因素或属性）；

ω_m——上层模型的可观测变量（影响因素或属性）；

α' 和 β'——标定的参数；

I_m——期望最大效用［或称为包容值（Inclusive Value）］；

λ_m——相应于 I_m 的参数值。

式（3-8）中的参数 λ 具有特殊的解释[7]。首先 McFadden 的研究显示，如果 $0 < \lambda < 1$，嵌套 Logit 模型与随机效用最大化是一致的，其次，λ 也可以作为选项相似性度量的标准[5]。

嵌套 Logit 模型的标定有分阶段估计法和全信息最大似然估计法两种。分阶段估计法是先将下层模型当作独立的多项 Logit 模型进行参数估计，根据下层参数的估计结果计算包容值后将其作为影响上层模型的一个因素，再对上层模型进行参数估计，所以，分阶段估计法是近似地估计模型的参数。全信息最大似然估计法是同时估计嵌套 Logit 模型的参数，其估计结果具有无偏性、渐进正态性以及有效性的特点，也是常用的估计方法。

3. 混合 Logit 模型

混合 Logit 模型也称为随机系数模型，广泛应用在经济学领域对决策行为的分析，最重要的优点是具有简单的非封闭模型结构，对模型系数允许随个体不同而随机变化。

在混合 Logit 模型中，效用函数的固定项部分采用了多项 Logit 模型和嵌套 Logit 模型的基本形式，而影响因素的系数会服从一定的分布，表示个体在决策中所具有的异质性，即 $\theta \sim f(\theta \mid \lambda)$，$\lambda$ 在这里是分布函数的未知参数，分布函数可以是正态分布、三角分布和均匀分布等。

根据以上系数分布，混合 Logit 模型中个体 n 选择选项 i 的概率 P_{in} 通过以下公式得到[8]：

$$P_{in} = \int \frac{\exp(V_{in})}{\sum_{j \in A_n} \exp(V_{jn})} f(\theta \mid \lambda) \mathrm{d}\theta \tag{3-10}$$

可以看出，选择概率 P_{in} 是基于系数向量 θ 分布密度函数的选择概率的积分，也可以看作是多项式 Logit 模型的加权平均预测，权重由分布密度函数 $f(\theta \mid \lambda)$ 决定。

以上模型的对数似然函数为：

$$LL(\lambda) = \sum_{n=1}^{N} \ln\left(\int_{\theta} P_n(i_n \mid \theta) f(\theta \mid \lambda) \mathrm{d}\theta\right) \tag{3-11}$$

式中　N——个体的数量。

在式（3-11）中，假设个体之间在决策中具有差异性，而对于同一个体在多次决策中没有差异性，则对数似然函数可以变为：

$$LL(\lambda) = \sum_{n=1}^{N} \ln\left(\int_{\theta} \left(\prod_{t=1}^{\tau_n} P_n(i_{n,t} \mid \theta)\right) f(\theta \mid \lambda) \mathrm{d}\theta\right) \tag{3-12}$$

式中　$i_{n,t}$——表示个体 n 在选择情景 t（属于 τ_n）下选择选项 i；

　　　τ_n——多次决策中的选择情境的集合。

混合 Logit 模型一般采用极大模拟似然法（Maximum Simulated Likelihood Method）

进行参数的标定，包括求模拟概率、构造极大似然算子、求解模型参数等步骤。

4. 潜在分类模型

潜在分类模型源于传统的离散选择模型，由于不需要假设参数服从一定的分布，因此潜在分类模型比混合 logit 模型更为灵活，广泛应用于交通研究中。

潜在分类模型假设个体的选择偏好可以划分为不同的类。个体选择各选项的概率可分为两部分：一部分是个体在给定类中选择某选项的概率，另一部分是个体属于给定类的概率，这两部分概率均可通过 Logit 模型得到[9]。

个体 n 在类 s 中选择选项 i 的概率可用下式表示：

$$R_n(i \mid s) = \frac{\exp(\beta_s S_{in})}{\sum_{j \in A_{ns}} \exp(\beta_s S_{jn})} \tag{3-13}$$

式中　β_s ——在类 s 中的估计参数；

$\quad\quad S_{in}$ ——个体 n 在类 s 中选择选项 i 的影响因素变量；

$\quad\quad A_{ns}$ ——类 s 中选项的集合。

个体 n 属于类 s 的概率可以表示为式（3-14）：

$$Q_n(s) = \frac{\exp(Z_n \gamma_s)}{\sum_{s=1}^{S} \exp(Z_n \gamma_s)} \quad s = 1, 2, \cdots S \tag{3-14}$$

式中　γ_s ——估计的类别函数的参数；

$\quad\quad Z_n$ ——类的观测变量。

因此，类 s 中个体 n 选择选项 i 的概率可以表示为式（3-15）：

$$P_{in} = \sum_{s=1}^{S} R_n(i \mid s) \cdot Q_n(s) \tag{3-15}$$

对数似然函数表示为式（3-16）：

$$LL = \sum_{n=1}^{N} \ln P_n = \sum_{n=1}^{N} \ln \Big[\sum_{s=1}^{S} R_n(i \mid s) \cdot Q_n(s) \Big] \tag{3-16}$$

为了获得最优的分类数，使用基于约束的 Akaike 信息准则（Akaike Information Criterion，AIC）来评价模型拟合优度。该指标的计算方法如下：

$$AIC = -2LL(\beta) + 2K \tag{3-17}$$

式中　$LL(\beta)$ ——对数似然函数值；

$\quad\quad K$ ——参数的数量。

模型可以使用 Nlogit 等软件进行标定。

5. SEM-Logit 模型

传统效用理论模型的效用函数多考虑的是可直接观测变量，而一些不可直接观测的变量对个体选择决策也会产生一定的影响，所以需要综合考虑两类变量，进而更好地描述各种因素对决策行为的影响，以提高模型精度和解释能力。

结构方程模型（Structural Equation Model，SEM）能整体上分析包括潜变量在内的各变量之间的直接和间接影响关系。将传统的效用理论模型与结构方程模型结合，构建含

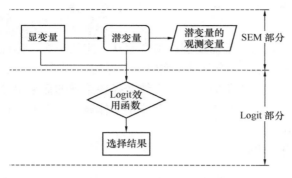

图 3-2　SEM-Logit 模型结构图

有潜变量的 SEM-Logit 整合模型，不仅可以刻画可观测变量对选择决策的影响，也可以分析态度及心理等不可直接观测的变量对个体选择决策的影响，使得模型具有更强的解释性[10]。

SEM-Logit 模型主要包括两大部分，第一部分是 SEM 模型，第二部分是 Logit 模型。模型结构如图 3-2 所示。

（1）Logit 模型效用函数的改进

随机效用理论假设个体的决策总是选择效用最大的方案，将效用函数分成固定项 V_{in} 和随机项 ε_{in} 两部分。这里对固定项进行改进，加入态度及心理等潜变量，改进后的效用函数可表示为：

$$V_{in} = \sum_L a_{il} s_{iln} + \sum_Q b_{iq} z_{iqn} + \sum_K c_{ik} \eta_{ikn} \qquad (3\text{-}18)$$

式中　　L——与个体 n 相关的可直接观测的影响因素的数量；

　　　　Q——与选项相关的可直接观测的影响因素的数量；

　　　　K——不可直接观测的潜变量的数量；

　　　　s_{iln}——与个体 n 相关的可直接观测的影响因素显变量；

　　　　z_{iqn}——与选项相关的可直接观测的影响因素显变量；

　　　　η_{ikn}——潜变量；

a_{il}，b_{iq}，c_{ik}——待估参数。

（2）潜变量 η_{ikn} 的适配系数计算

为了确定潜变量 η_{ikn} 的适配系数，需要通过结构方程模型（SEM）来描述潜变量与其测量变量 x_k 之间的相互关系。以 η_1 为例，用向量表示为：

$$\begin{bmatrix} x_{11} \\ x_{12} \\ \cdots \\ x_{1n} \end{bmatrix} = \begin{bmatrix} \Lambda_{x1} \\ \Lambda_{x2} \\ \cdots \\ \Lambda_{xn} \end{bmatrix} \eta_1 \qquad (3\text{-}19)$$

式中　　η_1——外生潜变量；

　　　　Λ_{xn}——各观测变量的载荷因子。

进而，对各观测变量的载荷因子 Λ_{xn} 进行标准化，得到的权重用 α_{x1}，α_{x2}，$\cdots$，α_{xn} 表示。

$$\begin{cases} \alpha_{x1} = \dfrac{\Lambda_{x1}}{\Lambda_{x1} + \Lambda_{x2} + \cdots + \Lambda_{xn}} \\[2mm] \alpha_{x2} = \dfrac{\Lambda_{x2}}{\Lambda_{x1} + \Lambda_{x2} + \cdots + \Lambda_{xn}} \\[2mm] \alpha_{xn} = \dfrac{\Lambda_{xn}}{\Lambda_{x1} + \Lambda_{x2} + \cdots + \Lambda_{xn}} \end{cases} \qquad (3\text{-}20)$$

最后，将观测变量的数值代入，得到各潜变量的适配值。

$$\eta_1 = \alpha_{x1}x_{11} + \alpha_{x2}x_{12} + \cdots + \alpha_{xn}x_{1n} \tag{3-21}$$

（3）SEM-Logit 模型求解

模型求解过程主要包括 4 部分，具体求解步骤如下：

第 1 步：结构方程模型（SEM）部分求解，利用 AMOS 等软件进行模型数据拟合，得到各观测变量的载荷因子，并进行标准化。

第 2 步：将 SEM 的求解结果进行转化，将潜变量通过观测变量表示。

第 3 步：将 SEM 得到的潜变量与可观测变量全部代入 Logit 模型，通过 TransCAD 等软件进行 Logit 模型的标定，得到影响选择决策的主要因素及影响程度。

第 4 步：对模型结果进行检验。常见的检验方法有 t 检验、卡方（χ^2）检验等，模型结果满足一定的精度时，才认为拟合的模型能较好地反映选择决策行为。

3.2 描述性的决策理论模型

决策理论的发展过程中，研究者发现个体的决策并不严格遵循效用最大化理论所描述的"完全理性"的形式，完全理性决策理论只是一种理想模式，个体决策具有更多的灵活性。个体决策不能达到基于理性假设的决策理论方法所规定的最优结果。所以，西蒙提出了"有限理性"的概念来描述个体决策行为，他认为人的决策行为既不是完全理性的，也不是完全非理性的，是处于完全理性和完全非理性之间的一种有限理性。在此基础上，为了解释违反期望效用理论假设的决策行为现象，产生了描述性决策理论方法，其更关注于描述人们实际上是如何做决定的，前景理论、后悔理论、失望理论等都是描述性决策理论，以下对主要的模型进行论述。

3.2.1 前景理论

从个体心理因素如情感、记忆、思维等方面寻求对决策行为的描述与解释，其中最具影响的是 Kahneman 和 Tversky 提出的前景理论（Prospect Theory）[11] 以及累积前景理论（Cumulative Prospect Theory，CPT）[12]。

前景理论从认知心理学角度提出了一种更加以人为本的决策观点。第一，它提出了一个决策前的"编辑"阶段，在这个阶段，决策问题是需要预先进行准备的，如通过消除明显的劣势选项，简化心理排序结果。第二，引入了参考依赖的概念，决策结果是相对于某个基准进行评估的，如以一个人的当前状况作为基准。第三，可以根据结果相对于现状的收益或损失来进行差异评估，即分别使用单独的效用函数对于收益和损失进行描述。第四，提出了损失厌恶的概念，如 1000 元的损失比 1000 元的收益更令人厌恶。

前景理论认为个体在决策时会对比评估可选项的价值以便做出最优决策，且选项最终价值由价值函数和决策权重函数两者共同决定。价值函数引入了参考点的理念，在参考点之下为损失区间，对于损失（低于参考点），该函数是凸的，表示风险寻求。在参考点之上界定为收益区间，对于收益（高于参考点），该函数是凹的，表示风险规避，与收益侧相比，该函数在损失侧更陡。前景理论的权重函数和效用函数见图 3-3。

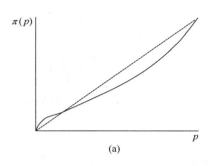 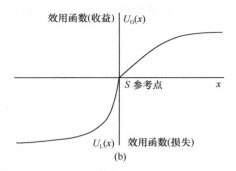

(a)　　　　　　　　　　　　　　(b)

图 3-3　前景理论的权重函数和效用函数

(a) 权重函数；(b) 效用函数

资料来源：Johnson J G, Busemeyer J R. Decision making under risk and uncertainty [J]. Wiley Interdisci-plinary Reviews: Cognitive Science, 2010, 1 (5): 736-749.

前景理论的价值函数定义如下：

$$U(x_j) = \begin{cases} x_j^{\alpha}, & \text{if } x_j \geqslant 0 \\ -\lambda(-x_j)^{\beta}, & \text{if } x_j < 0 \end{cases} \tag{3-22}$$

式中　x_j——决策结果相对于参考点的函数，$x_j \geqslant 0$ 为收益区间，$x_j < 0$ 为损失区间；

α, β——风险偏好系数，通常 $0 < \alpha, \beta \leqslant 1$，越接近 1，说明出行者越倾向于冒险；

λ——损失规避系数。

相对传统的期望效用理论，前景理论采用主观概率 $\pi(p_i)$，即决策权重，决策权重函数的表达式如下：

$$\pi^+(p_j) = \frac{p_j^{\rho}}{[p_j^{\rho} + (1-p_j)^{\rho}]^{1/\rho}} \quad \pi^-(p_j) = \frac{p_j^{\delta}}{[p_j^{\delta} + (1-p_j)^{\delta}]^{1/\delta}} \tag{3-23}$$

式中　$\pi^+(p_j)$——收益情况下的概率权重函数；

$\pi^-(p_j)$——损失情况下的概率权重函数；

p_j——第 j 类结果出现的概率；

ρ——收益态度系数；

δ——损失态度系数。

决策的可能结果分收益和损失两部分，前景的整体价值可表示如下：

$$Y(f) = Y(f^+) + Y(f^-) \tag{3-24}$$

收益时的前景值：

$$Y(f^+) = \sum_{j=0}^{n} \pi^+(p_j)U(x_j) \tag{3-25}$$

损失时的前景值：

$$Y(f^-) = \sum_{j=-m}^{0} \pi^-(p_j)U(x_j) \tag{3-26}$$

由公式（3-24）～公式（3-26）可得出前景值为：

$$Y(f) = \sum_{j=-m}^{n} \pi_j U(x_j) \quad \text{其中,} \pi_j = \begin{cases} \pi^+ (p_j), j \geqslant 0 \\ \pi^- (p_j), j < 0 \end{cases} \tag{3-27}$$

计算出各情况下的前景值并进行排序，前景值最大的作为最佳选择方案。

前景理论作为一种描述性决策理论，也无法解释所有观察到的人类选择行为，如赋予结果的权重独立于结果的价值。在 20 世纪 80 年代末，一些研究者进行了理论改进，允许结果的决策权重依赖于结果的排序，这些理论被称为等级依赖效用（Rank Dependent Utility，RDU）理论，基于此，Tversky 和 Kahneman 将他们的原始理论延伸为累积前景理论。基本想法是决策权重考虑数量级，权重是等于或好于获得结果 x_j 的概率与严格好于获得此结果的概率之差，决策权重描述了综合考虑其他结果下的相对权重。

3.2.2　后悔理论

后悔是人类后天培养形成的一种认知情绪，它起源于对事物的高级认知加工过程。后悔需要人们在决策时不仅关注已选选项的结果，还要能够想象出其他备选选项的结果。后悔包括了对"是什么"和"可能是什么"两者之间的比较过程和反事实思维过程。后悔情绪会使决策主体更多关注当前结果与状况，促使人们采取措施进行改善。

1982 年，Loomes、Sugden 和 Bell 提出了后悔理论（Regret Theory）[13][14]，该理论假设决策的效用函数并不是固定不变的，会随着个体的预期情绪发生改变，即个体在做出决策前会对做出某选择后的情绪有所预期。如当个体预计选择选项 A 的结果差于选项 B 时，为了逃避不好的结果带来的后悔情绪，个体有可能会选择选项 B，即使选项 A 的效用值更高，而当个体预计选择选项 A 的结果好于 B 选项时，会感到欣喜。后悔与欣喜这两种情绪会影响决策者对于当前结果的满意度，从而间接影响决策。

后悔理论假设选项的效用取决于对选项的独立评估以及与其他选项的比较评估，所以，效用由两个不同的部分组成，一个是对当前考虑的选项结果的评估，另一个是对这个选项结果和其他选项结果之间的差别的评估，即预期后悔和预期欣喜。

设决策者面临两个选择 A 和 B，x_A 和 x_B 分别表示选择 A 和 B 能够获得的收益，那么选择 A 的预期效用为[15]：

$$U(A) = u(x_A) + R[u(x_A) - u(x_B)] \tag{3-28}$$

式中　　$u(x_A)$、$u(x_B)$——结果为 x_A 和 x_B 的效用；

$R[u(x_A) - u(x_B)]$——后悔—欣喜函数，为单调递增的凹函数；

$R[u(x_A) - u(x_B)] > 0$ 时，表示决策者会因为选择 A 而没有选择 B 而感到欣喜；

$R[u(x_A) - u(x_B)] < 0$ 时，表示决策者因为选择 A 而没有选择 B 及而感到后悔；

$R[u(x_A) - u(x_B)] = 0$ 时，表示既没有后悔又没有欣喜。

决策者会根据 $U(A)$、$U(B)$ 的大小进行选择，$U(A)$ 越大，决策者更趋向于选择 A。当将上述模型拓展到多个选项的情况时，$u(x_B)$ 可以通过其他选项的最优决策结果的效用来替换。

3.2.3　失望理论

失望是当决策结果存在多个而实际的结果较差或没有达到事先期望时产生的一种消极

情绪，这种情绪更多是由于外部环境的不确定或者他人的参与而导致的，决策者在面临失望时也会很无助。例如，金融危机爆发带来的产品滞销、亏损甚至破产的状况，生产制造商处于这种决策环境想要改善经营状况却有心无力[15]。

失望理论（Disappointment Theory）最早是在 1985 年由 Bell 提出的，其基本思想是认为人们总是期望好的结果，决策者会把实际的决策结果与期望进行比较，当实际决策结果小于期望值时，决策者会感到失望，反之，则会感到愉悦，这种情绪会通过改变效用函数来改变决策[16]。

后悔理论是将得到的结果与本可得到的结果进行比较，而失望理论是将结果与先前的期望结果进行比较，是受参照点影响的，且最有影响的参照点是决策者的现状。

设决策者选择选项 A 时，可能出现的结果为 x_1，x_2，$\cdots x_m$，其出现的概率分别为 p_1，p_2，$\cdots p_m$，当实际实现的结果为 x_i 时，选择选项 A 的效用为：

$$U(A) = u(x_i) + kG[u(x_i) - u(\bar{x})] \tag{3-29}$$

式中　　　　$u(x_i)$——实际结果 x_i 的效用函数；

$u(\bar{x})$——期望结果的效用函数，$\bar{x} = \sum_{i=1}^{m} p_i x_i$；

k——失望对决策的影响程度；

$G[u(x_i) - u(\bar{x})]$——失望—愉悦函数，为单调递增的凹函数。

当 $G[u(x_i) - u(\bar{x})] > 0$ 时，表示实际出现的结果较好，决策者感到愉悦。当 $G[u(x_i) - u(\bar{x})] < 0$ 时，表示实际出现的结果较差，决策者感到失望。$G[u(x_i) - u(\bar{x})] = 0$ 时，表示决策者既没有失望也没有愉悦。

模型中的期望结果也可以使用同一选项可能出现的最好结果进行替代建模，得到失望理论的效用函数。

3.3　关注过程的决策理论模型

伴随着信息加工理论的发展，决策研究领域逐渐转向对决策过程的关注。基于过程的决策理论研究属于心理学的研究范式，以人们决策的心理过程和规律为研究重点，旨在解释决策行为背后的心理过程，强调个体在决策中的信息加工过程，将决策过程看作是对已知信息进行收集、加工、推理、判断，进而形成决策行为的过程。

3.3.1　序贯抽样模型概述

（1）序贯抽样模型的来源

几十年前，大脑是一个无法穿透的黑匣子，但随着神经科学的发展，人们可以观察内部，使用先进的技术设备研究人类大脑的思考过程。

早期的研究通过记录神经活动来分析其与决策行为之间的关系，与决策相关的神经活动即神经放电（Neural Firing），会随着时间的变化，在选择或偏好方向上呈现出增加或不变的水平，而与非选择或偏好方向上呈现降低的变化水平，如图 3-4 所示。易辨别的决策刺激（强刺激）比不易辨别的刺激（弱刺激）的神经放电水平变化更快。决策的响应时间（RT）是通过神经活动达到阈值的时间来预测的，如图 3-5 所示。

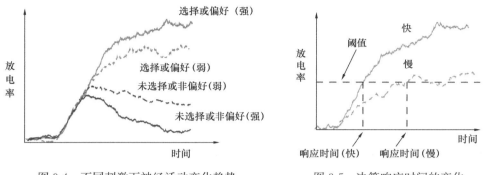

图 3-4　不同刺激下神经活动变化趋势　　　图 3-5　决策响应时间的变化

资料来源：Smith P L，Ratcliff R. Psychology and neurobiology of simple decisions［J］. Trends in Neurosciences，2004，27（3）：161-168.

序贯抽样模型（Sequential Sampling Models）最初是从基于低水平认知的简单识别任务下发展起来的[17]，基本思想是在刺激开始后，决策者会依次从刺激中序列提取和累积信息，以确定刺激的性质，如字母识别决策任务，决策者必须从成对的字母中识别出相同或不同的字母对，决策者通过信息积累和决策准则来做出选择，决策准则规定了在做出决策时所需的信息量，也称为决策阈值，同时也决定了决策的响应时间。如图 3-6 所示，横轴表示时间，纵轴表示各选项的偏好状态值，有三个选项，曲线代表基于信息累计的各选项的偏好动态变化过程，在时间 $T=425$ 时，首先达到决策阈值的选项 A 作为最后的选择结果。这种动态决策过程称为序贯抽样过程，它是关注过程的决策理论模型的基础。

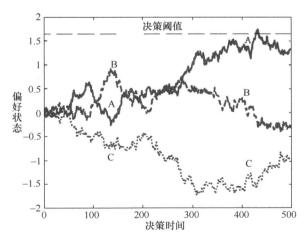

图 3-6　三项选择的决策过程

文献来源：Busemeyer J R，Johnson J G. Computational models of decision making［J］. Blackwell Handbook of Judgment and Decision Making，2004：133-154.

（2）序贯抽样模型的特点

市场营销和经济学中的决策理论模型一般不考虑决策的认知过程，从认知心理学中发展的序贯抽样模型具有以下特点，包括：第一，对潜在的认知过程做出明确的假设，可以很好地分析深思熟虑、注意、冲突和认知限制等对决策的影响。第二，从过程角度可以预测决策响应时间。第三，可以很好地解释违反卢斯选择公理（Luce's Choice Axiom）的现象，如相似效应、吸引效应和折中效应，卢斯选择公理基于独立不相关特性（IIA）和规则性（Regularity）假设，规则性是指向已有选择集中增加选项时，总是转化为选择任何原始选项的弱小概率，相似和折中效应违反了IIA特性，吸引效应违反了规则性假设[18]。序贯抽样模型是认知科学领域最有影响的决策模型。

（3）序贯抽样模型分类

序贯抽样模型可以分为两类：随机游走模型（Random Walk Models）、累积和计数模型（Accumulator Models and Counter Models）。这两类模型都假设决策是在一定刺激下的信息累积，进而达到信息量阈值而做出决策的过程，但在信息如何累积上有所不同。对于随机游走模型，各选项的信息累计中，偏好一个选项的信息累积量增加，则偏好另一个选项的信息累积量就会减少，当偏好一个选项的信息累积量超过另一个选项，并达到心理决策阈值时，做出决策，即按照相对决策停止规则进行决策。对于累积和计数模型，各选项的偏好信息累积是独立进行的，首先达到决策阈值的选项作为最后的选择，即按照绝对决策停止规则进行决策。决策场理论是一种在不确定环境中进行决策的动态认知方法，属于随机游走模型。渗漏竞争累积模型（Leaky Competing Accumulator Model）属于累积和计数模型，选项的信息累计均以独立的扩散过程进行[19]。

3.3.2　主要的序贯抽样模型

1. 简单随机游走模型[20]

随机游走模型中比较简单的是两项选择随机游走模型，这里用矩阵方法介绍模型的建立和预测。

假定一个非常简单的信号检测问题，在任何时刻，人们都可以采集信息，为做出信号或噪声的决策响应提供支撑。获得偏好信号响应的信息抽样概率为0.4，获得偏好噪声响应的信息抽样概率为0.6。假设信息量以+1（支持信号决策）和-1（支持噪声决策）为单位进行累积，在时间步n累积的信息量记为X_n，在试验开始时，还没有收集分析任何信息，此时$X_0=0$。假设做出信号和噪声决策响应的决策阈值分别为+3和-3，也可以理解为吸引状态，其他状态为中间状态或者瞬时状态，状态空间为S，累积的信息量一旦达到决策阈值，即做出决策。

假设信息累积过程为$(0,+1,0,-1,-2,-3)$，在试验中，首先获得的信息为偏好信号决策，信息量从0变为+1，下一个信息有利于噪声决策，即信息量变化单位为-1，使得信息量状态又变成0。这一决策过程一直持续到达到信号和噪声决策响应的某一决策阈值为止，这里是通过6次信息采样后，达到决策阈值-3后，做出选择噪声的决策。这是一个非常基本的具有两个吸收状态的简单随机游走过程。

在决策过程中有两个量是最重要的，一个是决策过程首次达到吸引状态的概率，此时启动决策响应准则；另一个是决策过程达到吸引状态所需的时间。这两个量都可以用马尔可夫链理论进行简单的计算得到，具体过程如下。

首先，构造状态转移概率矩阵P，状态由-3、-2、-1、0、+1、+2、+3构成，矩阵的每个单元p_{ij}表示从状态i到状态j转移的概率，称为转移概率，例如，从第4行第

4 列单元到第 4 行第 5 列的单元，表示从状态 0 转移到状态 +1 的概率为 0.4，转移概率满足 $p_{ij} \geqslant 0$，并且 $\sum_{j \in s} p_{ij} = 1$。转移概率矩阵对预测决策过程的选择概率和决策时间起着重要的作用。

$$\begin{array}{cccccccc}
\text{索引} & 1 & 2 & 3 & 4 & 5 & 6 & 7 \\
\text{状态} & -3 & -2 & -1 & 0 & +1 & +2 & +3
\end{array}$$

$$\boldsymbol{P} = \begin{array}{c}
1 \ -3 \\ 2 \ -2 \\ 3 \ -1 \\ 4 \ \ 0 \\ 5 \ +1 \\ 6 \ +2 \\ 7 \ +3
\end{array}
\begin{bmatrix}
1 & 0 & 0 & 0 & 0 & 0 & 0 \\
0.6 & 0 & 0.4 & 0 & 0 & 0 & 0 \\
0 & 0.6 & 0 & 0.4 & 0 & 0 & 0 \\
0 & 0 & 0.6 & 0 & 0.4 & 0 & 0 \\
0 & 0 & 0 & 0.6 & 0 & 0.4 & 0 \\
0 & 0 & 0 & 0 & 0.6 & 0 & 0.4 \\
0 & 0 & 0 & 0 & 0 & 0 & 1
\end{bmatrix}$$

将状态转移概率矩阵进行重排，对于包含转移概率为 1 的子矩阵记为 $\boldsymbol{P}_1$，其大小由吸收状态的数量决定。对于最终到达吸收状态的一步转移状态，如从状态 +2 到状态 +3 的转移概率 $P_{67} = 0.4$，包含这些转移概率的子矩阵记为 $\boldsymbol{R}$，其大小由吸收状态和瞬时状态的数量决定。剩余瞬时状态的概率矩阵记为 $\boldsymbol{Q}$，其大小由瞬时状态的数量决定。重排的状态转移概率矩阵如下所示：

$$\begin{array}{ccccccc}
\text{状态} & -3 & +3 & -2 & -1 & 0 & +1 & +2
\end{array}$$

$$\boldsymbol{P} = \begin{array}{c}
-3 \\ +3 \\ -2 \\ -1 \\ 0 \\ +1 \\ +2
\end{array}
\left[\begin{array}{cc|ccccc}
1 & 0 & 0 & 0 & 0 & 0 & 0 \\
0 & 1 & 0 & 0 & 0 & 0 & 0 \\ \hline
0.6 & 0 & 0 & 0.4 & 0 & 0 & 0 \\
0 & 0 & 0.6 & 0 & 0.4 & 0 & 0 \\
0 & 0 & 0 & 0.6 & 0 & 0.4 & 0 \\
0 & 0 & 0 & 0 & 0.6 & 0 & 0.4 \\
0 & 0.4 & 0 & 0 & 0 & 0.6 & 0
\end{array}\right] = \left[\begin{array}{c|c} P_1 & 0 \\ \hline R & Q \end{array}\right]$$

在决策过程开始之前，需要给定初始状态向量 Z，表示初始的偏好，一种方法是给定某一固定状态，如 $\boldsymbol{Z} = (0\ 0\ 1\ 0\ 0)$，表示决策过程从中间状态 0 启动决策过程，即状态为 0 的概率为 1；另一种方法是给出初始概率分布，如 $\boldsymbol{Z} = (0.05\ \ 0.10\ \ 0.70\ \ 0.10\ \ 0.05)$，表示从中间状态 0 下启动决策过程的概率为 0.70，从状态 +1 启动决策过程的概率为 0.10。此外，需要建立一个与矩阵 Q 大小相同的单位矩阵 I。

根据以上内容，得到简单随机游走模型的选择概率和决策时间计算模型。

在时间步 n 选择方案 P 的概率为：

$$P_r(P \ at \ n) = Z \cdot Q^n \cdot R_P \tag{3-30}$$

式中　R_P——子矩阵 $\boldsymbol{R}$ 的向量，其概率可以使备选方案 P 达到吸收状态。

选择 P 的概率通过在离散时间上求和获得，即：

$$P_r(P) = Z \cdot \sum_{n=0}^{\infty} Q^n \cdot R_P \tag{3-31}$$

式中，$\sum_{n=0}^{\infty} Q^n = I + Q + Q^2 + \cdots = (I-Q)^{-1}$，为 $(I-Q)$ 矩阵的逆。

当 $n \to \infty$ 时，选择概率公式变为：

$$P_r(P) = Z \cdot (I-Q)^{-1} \cdot R_P \qquad (3-32)$$

如果将 T 定义为到达吸引状态所需的时间步的随机数，那么，选择 P 的时间步分布的期望为：

$$E[T \mid P] = \frac{Z \cdot \sum_{n=1}^{\infty} n \cdot Q^{r-1} \cdot R_P}{P_r(P)} \qquad (3-33)$$

式中，$\sum_{n=1}^{\infty} n \cdot Q^{r-1} = I + 2Q + 3Q^2 + \cdots = (I-Q)^{-2}$。

当 $n \to \infty$ 时，决策时间公式变为：

$$E[T \mid P] = \frac{Z \cdot (I-Q)^{-2} \cdot R_P}{P_r(P)} \qquad (3-34)$$

对于上面的噪声检测问题，假设选择噪声、信号的概率分别为 $P_r(N)$、$P_r(S)$，可以通过以上矩阵公式计算得到：

$$[P_r(N), P_r(S)] = Z \cdot (I-Q)^{-1} \cdot R \qquad (3-35)$$

对于噪声、信号达到吸收状态所需的平均时间步数 $E(T \mid N)$、$E(T \mid S)$，或者称为决策时间，可以根据式（3-36）计算得到。

$$[E(T \mid N), E(T \mid S)] = [Z \cdot (I-Q)^{-2} \cdot R] . / [P_r(N), P_r(S)] \qquad (3-36)$$

通过常用的软件程序，如 Gauss、Matlab、Mathematica 或 SAS 等直接计算求解，选择概率和决策时间如表 3-1 所示。

选择概率和决策时间 表 3-1

初始状态向量	$P_r(S)$	$P_r(N)$	$E(T \mid S)$	$E(T \mid N)$
$Z = (0\ 0\ 1\ 0\ 0)$	0.23	0.77	8.14	8.14
$Z = (0\ 0\ 0\ 1\ 0)$	0.39	0.61	5.93	9.77
$Z = (0.05\ 0.10\ 0.70\ 0.10\ 0.05)$	0.25	0.75	7.26	7.77

2. 决策场理论

决策场理论（Decision Field Theory，DFT）是基于心理学的动态认知决策方法，最初是基于趋避冲突行为（Approach-avoidance Conflict Behavior）的一种确定性的动态方法，后来发展为决策行为的随机动态模型，其应用也从不确定条件下的二项选择决策发展到多项选择决策[21]。

决策场理论使用序贯抽样过程来进行决策，建立在相对信息累积量达到预先给定的决策原则时，才能做出决策，它注重分析人的潜在思考过程，保留了效用最大化的形式，经典的随机效用理论可作为其中的一个特例，但是更关注根据心理调整需求来解释人类决策行为。

决策场理论能够解释一些风险和不确定环境中的特殊行为现象，以及在多属性和多选项选择问题中的矛盾行为现象，能够分析决策时间和决策结果准确性之间的关系，并能模拟决策规则的学习过程和基于规则的决策策略选择问题，提供了解释违反卢斯选择公理的理论框架。

（1）决策场理论的链接网络模型

决策场理论的几个基本假设为：

第一，假设决策者的注意力随时间在不同选项的不同属性（影响因素）维度上转换，在任何给定的时刻，只考虑一个属性。

第二，对所有选项在某一属性上的优势或劣势进行比较，形成和更新每个选项在此时刻的评价效值。

第三，偏好的累积，并具有选项自身衰减和选项间的竞争和抑制作用。

决策场理论的链接网络模型如图 3-7 所示，三个节点 A、B 和 C 表示三个备选方案，链接网络的输入是各个影响因素的加权效用，最后的输出是偏好强度。将链接网络从左到右分为几个层次：

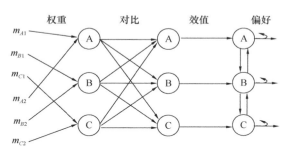

图 3-7　决策场理论的链接网络模型

第一层，计算各选项对于各属性或影响因素的加权效用值：

$$U_i(t) = \sum_{j=1}^{n} W_j(t) \cdot m_{ij} + \varepsilon_i(t) \tag{3-37}$$

式中　$U_i(t)$ ——第 i 个选项对各属性或影响因素的加权效用值；

　　　m_{ij} ——对第 i 个选项的第 j 个属性或影响因素的感知评价值；

　　　$W_j(t)$ ——表示时刻 t 时对属性 j 的关注权重，假设注意力随属性或影响因素不断转移变化，即在一个时刻在某一属性上，而下一个时刻会转移到另一个属性上，可以认为这种变化是动态的、随机的，其均值相当于确定性效用理论中的权重；

　　　$\varepsilon_i(t)$ ——误差项，均值为 0，表示其他次要的和不受控制的属性或影响因素的影响；

　　　n ——属性或影响因素的数量。

第二层是计算各选项加权效用值的对比效值，与第一层合在一起作为链接网络模型的前馈网络，当决策者的注意力不可预测地从一个属性转移到另一个属性时，这些对比效值会随时间进行随机变化。

$$v_i(t) = U_i(t) - U_g(t) \tag{3-38}$$

$$U_g(t) = \frac{\sum_{k \neq i} U_k(t)}{m-1} \tag{3-39}$$

式中　$v_i(t)$ ——表示时刻 t 时第 i 个选项的效值，当 $v_i(t) > 0$ 时，表示在当前属性或影响因素下，选项 i 具有优势；当 $v_i(t) < 0$ 时，表示在当前属性或影响因素下，选项 i 具有劣势；

　　　m ——选项的数量。

选项的效值向量 $\mathbf{V}(t)$ 可以表示为以下形式：

$$V(t) = CMW(t) \tag{3-40}$$

式中　　C——比较矩阵，用来对选项产生的加权效用值进行对比；

　　　　M——属性或影响因素的感知评价值矩阵；

　　$W(t)$——决策过程中 t 时刻的注意权重。

第三层是将选项的加权效值转换成偏好，而且偏好随时间进行累积。这是一个递归或回归网络，网络中的每个决策节点与其他节点相连，代表了选项之间的竞争和抑制关系，同时每个决策节点也有一个自反馈回路，允许选项偏好的自增长或衰退[22]。

在时间段或决策步长 h 下的偏好状态向量的变化由式（3-41）表示，并根据线性随机差分方程进行演化，如式（3-42）所示：

$$dP(t) = P(t) - P(t-h) \tag{3-41}$$

$$dP(t) = -h \cdot \Gamma \cdot P(t-h) + V(t) \tag{3-42}$$

则 t 时刻选项的偏好状态可以表示为前一个时刻 $t-h$ 的偏好状态和当前时刻效值的权重加和值，如式（3-43）所示：

$$P(t) = (I - h \cdot \Gamma) \cdot P(t-h) + V(t) = S \cdot P(t-h) + V(t) \tag{3-43}$$

式中　　S——反馈矩阵，$S = I - h \cdot \Gamma$，当反馈矩阵特征值小于 1 时，才能保证系统稳定；

　　　　I——单位矩阵；

　　　　Γ——伽马矩阵。

基于以上公式，在 $t+h$ 时刻各选项的偏好状态为：

$$P_i(t+h) = s_{ii} \cdot P_i(t) + \sum_{k \neq i} s_{ik} \cdot P_k(t) + v_i(t+h) \tag{3-44}$$

式中　$P_i(t+h)$——在 $t+h$ 时刻第 i 个选项的偏好值；

　　　　$P_i(t)$——在 t 时刻第 i 个选项的偏好值；

　　　　$P_k(t)$——在 t 时刻选项 i 之外的选项 k 的偏好值；

　　　　$P_i(0)$——初始偏好，表示从以前决策行为经验得到的偏好，对于新的决策环境，初始偏好可以全部设置为零；

　　　　s_{ii}——反馈矩阵 S 中的自反馈参数，对所有选项 i 都是相同的，为正值，表示对选项本身前一个时刻偏好状态的记忆情况：当 $0 < s_{ii} < 1$ 时，表示对先前偏好状态的记忆衰减；当 $s_{ii} > 1$ 时，表示对先前偏好状态的记忆增强；当 $s_{ii} = 0$ 时，表示对先前偏好状态没有记忆；当 $s_{ii} = 1$ 时，表示对先前偏好状态具有很好的记忆；

　　　　s_{ik}——反馈矩阵 S 中的选项间抑制作用参数，$i \neq k$，且 $s_{ik} = s_{ki}$，表示选项之间的相互竞争影响，且随各选项在属性空间上的心理场距离的增加而减少，即选项间的心理距离越远，相似性程度越低，相互抑制作用就越弱。当 $s_{ik} < 0$ 时，表示选项间是竞争关系，强选项抑制弱选项；当 $s_{ik} = 0$ 时，表示选项间相互独立，不存在竞争关系。

（2）决策原则

决策场理论有两种决策原则，外部控制停止决策原则和内部控制停止决策原则。

第一种是外部控制停止决策原则，给定一个决策停止时间，此时，具有最大偏好值的选项作为最后的选择结果。如图 3-8 所示展示两种决策原则，横轴代表决策时间，纵轴代表偏好状态，三条曲线代表了选项 A、B 和 C 的偏好状态随时间随机变化的过程。根据外部控制停止决策原则，如果给定决策停止时间为 $T=30s$，此时，决策者会选择具有最高偏好值的选项 B。通过在不同的时间点停止决策过程，并估计基于决策时间的选择概率，可以观察偏好随着时间动态变化的过程。

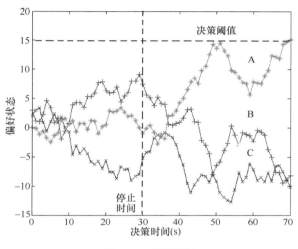

图 3-8　决策原则

第二种是内部控制停止决策原则，在这种原则下，不限制决策的持续时间，决策者可以自由决定做出选择之前要考虑的时间，决策者需要给出一个决策阈值，当某个选项的偏好状态首先超过了决策阈值，则作为最后的选择结果。如图 3-8 所示中的决策阈值，当选项 A 在某个时间首先达到阈值时，将被选择[22]。

决策阈值是决策速度和精度权衡的关键参数。如果设置较低的决策阈值，则只需要一个弱偏好就可以做出选择，在这种情况下，做出决策是非常迅速的，决策者很少考虑结果，常会带来不好的决策结果，这对于不重要的决策任务是合适的。对于重要的决策任务，通常会设置较高的决策阈值，因此，需要非常强的偏好才能做出决策。在这种情况下，决策需要更长的时间，但决定是建立在深思熟虑的评估基础上的，会带来更好的决策结果。一般来说，冲动的人可能会使用低的决策阈值，而谨慎的人可能会使用高的决策阈值。

（3）模型参数说明

反馈矩阵 S：假设每个选项都可表示为多维空间中的一个点，其维数由用于描述备选项的属性数量确定。将 d_{ik} 定义为多维空间中选项 i 和 k 之间的心理距离，可以通过欧式距离表示。可以考虑式（3-45）、式（3-46）、式（3-47）作为 S 的取值函数，表达式如下[23]：

$$S_{ik} = S_{ki} = 0.042 * \frac{1}{1 + e^{20 * (d_{ik} - 2.4)}} \tag{3-45}$$

$$S_{ik} = S_{ki} = -e^{-d_{ik}} \tag{3-46}$$

$$S_{ik} = S_{ki} = -0.10 * e^{-0.022 * d_{ik}^4} \tag{3-47}$$

$$d_{ik} = \sqrt{\sum_{j=1}^{n}(m_{ij} - m_{kj})^2} \tag{3-48}$$

式中　m_{kj}——选项 k 的第 j 个属性或影响因素感知评价值。

比较矩阵 C：C 的元素定义为 $C_{ii} = 1$，即对角线元素为 1，非对角线元素 $C_{ij} = -1/(m-1)$，$i \neq j$。

对于二项选择，比较矩阵为：

$$C = \begin{bmatrix} 1 & -1 \\ -1 & 1 \end{bmatrix}$$

对于三项选择，比较矩阵为：

$$C = \begin{bmatrix} 1 & -0.5 & -0.5 \\ -0.5 & 1 & -0.5 \\ -0.5 & -0.5 & 1 \end{bmatrix}$$

（4）模型预测方法

决策场理论模型预测方法包括两种：

第一种是通过矩阵公式推导计算得到选择概率和决策时间，这需要预先给定选项偏好累积的漂移系数（Drift Coefficient）以及发散系数（Diffusion Coefficient），进而得到转换概率矩阵，并对偏好累积的均值和方差进行预测。使用 Matlab 或 Gauss 等软件进行矩阵计算，可以快速而准确地预测选择概率和决策时间分布。

第二种是采用蒙特卡洛（Monte Carlo）计算机仿真的方法得到模型的预测结果，其可以分析偏好累积的动态过程。

（5）模型的解释能力

决策场理论中的多备择决策场理论（Multialternative Decision Field Theory，MD-FT）可以解释卢斯选择公理的相似效应、吸引效应和折中效应现象。

假设一项选择任务中有备择选项 A 和 B，属性信息为 X 和 Y。选项 A 的特征是 X 属性值较高，而 Y 属性值较低，而选项 B 则相反。如果增加第三个选项 S 或 D 或 C，如图 1-2 所示，那么，决策任务由两项选择变成三项选择。

加入选项 S 后，选项 S 和选项 A 的效值存在共变关系，但与选项 B 无关，所以，选项 S 的出现使得选项 A 的选择概率降低，但不影响选项 B 的选择概率，相似性效应出现。加入选项 D 后，选项 A 与选项 D 的心理距离很近，选项 D 通过负的选项间抑制作用影响选项 A 的选择，从而提高了选项 A 的选择偏好水平，而选项 D 与选项 B 的心理距离较远，相互抑制作用较弱，很难影响选项 B，所以，选择选项 A 的概率变得最大，吸引效应出现。加入选项 C 后，与选项 A 和选项 B 都是负的抑制影响，使得各选项的效值不断波动，同时选项 A 和选项 B 也是相互抑制的，进而，使得选项 C 的效值变大，选择选项 C 的概率大于选项 A 或选项 B，折中效应出现[24]。

3. 基于规则的决策场理论

长期以来，认知心理学家关注经验对认知能力的影响，Anderson 提出了 ACT-R 模型来分析人的认知过程，认为决策往往是从认真的思考到形成经验，进而成为习惯性行为的过程。当出行者在重复决策过程中积累了经验，就会减少对相关信息的关注思考，建立并使用简单的规则或策略来做出选择，这种规则是指一定条件所累积的对于选项的偏好程度，学习反馈是决策规则建立的基础，带来收益的规则会增加其使用的概率，使用概率较高时会形成行为习惯，这种决策过程可以通过基于规则的决策场理论（Rule-Based Decision Field Theory）进行描述[25]。

（1）模型概述

基于规则的决策场理论是关于决策规则或策略演化的动态模型，采用的是序贯抽样模型原理，通过对多备择决策场理论进行模型拓展，加入了决策规则。

假设在一个重复决策任务中，有不同的选项和属性因素，对于多备择决策场理论主要是根据属性信息进行思考，而在基于规则的决策场理论中，决策者不仅根据属性信息，还会根据从重复决策中获得的经验所形成的决策规则，进行选项偏好的累计，最后做出决策并获得决策结果。与决策结果相关的学习反馈是形成决策规则的基础，如果环境发生变化，先前的决策规则可能不再适用，决策过程可能会重新开始。

例如，对于驾车行驶速度的决策，在出行过程中，出行者会考虑不同行驶速度（95km/h、100km/h、110km/h）可能带来的结果，如果当车速超过100km/h时，可能会受到处罚，那么，出行者很可能会选择95km/h的速度行驶。决策规则可以通过If—then规则来表示：

如果交通拥堵、天气不好、不会迟到，那么，建议采用速度1，即95km/h；

如果交通拥堵、天气好、不会迟到，那么，建议采用速度2，即100km/h；

如果迟到，那么，建议采用速度3，即110km/h。

在出行者的行驶速度决策过程中，当类似的出行环境条件重复出现时，出行者会考虑使用某一决策规则，从而改变选项的效值。如果决策规则的建议足够强，使得选项的偏好直接达到了决策阈值，则出行者会很快做出选择。决策规则使用的可能性根据决策结果带来的收益或损失情况决定，如果出行者使用某一决策规则持续受到处罚，那么，在后面的决策中会更少地使用这一决策规则，反之，会更多地使用该决策规则。

（2）基于规则的决策场理论模型

这里考虑两个时间维度，一个是一次选择的短时决策过程，用 t 表示，另一个是多次选择的长期决策过程，用 n 表示，间隔可以是分钟、天、周、年，其间有根据选择结果的学习过程。每次选择决策的原则是偏好累积先达到决策阈值的选项作为最后的选择，多次决策的偏好累积是基于相关因素信息和决策规则，考虑决策规则的决策场理论模型如下[25]：

第 n 次决策过程中，在 t 时刻各选项加权效用值的对比效值向量 $V(t)$ 如式（3-49）所示：

$$V(t) = CM(n)W(t) \tag{3-49}$$

式中　C——比较矩阵；

　　$M(n)$——影响第 n 次决策的信息矩阵；

　　$W(t)$——决策过程中 t 时刻的注意权重，根据该权重每次从 $M(n)$ 中只选择一系列因素信息计算各选项的对比效值。

进而得到，在 t 时刻各选项的偏好值向量 $P(t)$ 为：

$$P(t) = SP(t-h) + V(t) \tag{3-50}$$

式中　h——决策步长；

　　S——反馈矩阵。

影响第 n 次决策的信息矩阵由两部分构成：

$$\boldsymbol{M}(n) = [\boldsymbol{M} \mid \boldsymbol{X}(n)] \qquad (3\text{-}51)$$

式中　$\boldsymbol{M}$——各选项相关的属性信息矩阵，矩阵的行为选项，列为选项的属性信息，矩阵元素为对每个选项的属性或影响因素的感知评价值；

$\boldsymbol{X}(n)$——由决策规则引起的各选项偏好调整值矩阵，元素 $x_{il}(n)$ 为如果使用决策规则 z_l 时，对选项 i 的偏好程度。

这样，$\boldsymbol{M}(n)$ 可以代替决策场理论中的 $\boldsymbol{M}$，同时包含了决策规则，决策规则可以当作属性来处理，在决策过程中的每个时间点都有使用的可能性。

第 n 次决策过程中，对影响因素和决策规则注意的可能性 $w(n)$ 及更新过程为：

$$w_1 = [\cdots w_j \cdots] \qquad (3\text{-}52)$$

$$w_2 = [\cdots Pr(z_l) \cdots] \qquad (3\text{-}53)$$

$$w(n) = [\alpha \cdot w_1 \mid w_2] = E_n[W(t)] \qquad (3\text{-}54)$$

$$\alpha = 1 - \sum_l Pr(z_l) \qquad (3\text{-}55)$$

式中　w_j——对影响因素 j 注意的可能性；

$Pr(z_l)$——对第 l 个决策规则 z_l 注意的可能性；

α——剩余概率（Leftover Probability），为对所有属性或影响因素信息注意的可能性合计值；

$w(n)$——由 w_1 和 w_2 构成，其元素之和为 1。

$$Pr(z_l) = \frac{\exp(q_{l,n})}{\sum_l \exp(q_{l,n}) + K} \qquad (3\text{-}56)$$

$$q_{l,0} = \Delta \qquad (3\text{-}57)$$

$$q_{l,n} = \beta \cdot q_{l,n-1} + F_{l,n} \qquad (3\text{-}58)$$

$$F_{l,n} = \begin{cases} \Delta \cdot r & \text{如果 } n-1 \text{ 次使用规则 } z_l \text{ 获得收益} \\ 0 & \text{如果 } n-1 \text{ 次没有使用规则 } z_l \\ -\Delta \cdot p & \text{如果 } n-1 \text{ 次使用规则 } z_l \text{ 得到损失} \end{cases} \qquad (3\text{-}59)$$

式中　$q_{l,n}$——第 n 次决策中使用决策规则 z_l 的强度参数；

K——控制使用决策规则相对于选项影响因素的偏好优势参数；

Δ——使用决策规则的学习速率（Learning Rate）；

β——对上次产生收益的决策的记忆系数；

$F_{l,n}$——反馈函数；

r——由上次产生收益的决策带来的增强反馈值；

p——由上次产生损失的决策带来的衰减反馈值。

基于决策规则的学习过程借鉴了 Busemeyer 和 Myung 早期的思想[26]，每次重复决策后，使用每个决策规则 z_l 的强度参数 $q_{l,n}$ 都会更新，如式（3-57）～式（3-59）所示。即当第一次遇到决策任务时，$n=0$，决策规则的使用强度 $q_{l,0}=\Delta$，如果本次决策中使用了决策规则，则下次遇到类似决策环境时，将更新每个决策规则的强度参数值 $q_{l,n}$，此更新由

反馈函数参数 r 或 p 和记忆系数 β 控制。决策规则强度值的变化，进而影响决策规则的使用可能性，使得每次决策的注意权重向量 $w(n)$ 随之变化，进而影响决策结果。

（3）决策规则和习惯行为

基于规则的决策场理论，从心理学上对从深思熟虑到习惯性决策行为的动态变化过程给出了合理的解释，它包含了对个体和决策环境因素的考虑，展示了在考虑经验的情况中，基于决策规则或自动反应的行为演化过程。

基于规则的决策过程和习惯性行为不同，使用决策规则往往需要大量的信息资源和处理过程，如需要关注决策环境条件因素等，而习惯性行为则很少或根本不需要信息资源，而进行自动反应决策。基于规则的决策场理论也可以分析习惯性行为，通过设置决策前初始偏好建立习惯行为模型，初始偏好向量表示基于经验和记忆获得的对每个选项的偏好，即 $P_i(0)$，如果其值超过了决策阈值，就不需要决策过程而直接做出决策。

4. 渗漏竞争累积模型

2004 年，Usher 和 McClelland 等借鉴了前景理论的损失规避思想，提出了渗漏竞争累积模型（Leaky Competing Accumulator model，LCA）[27]，与决策场理论类似，作为链接网络模型，选项偏好也是基于对属性或影响因素的序列评估，比较选项间的相对优势和劣势，通过递归网络得到每个选项的偏好，偏好累积一直持续到超过决策阈值，并将第一个达到阈值的选项作为最后的选择。与决策场理论不同的是，渗漏竞争累积模型中的每个选项的效值水平始终为正，并通过非线性函数随时间演化，该模型采用了 Tversky 和 Kahneman 的损失厌恶假设，且损失的影响大于收益情况[28]。

渗漏竞争累积模型认为决策是随机的、动态的和非线性的，包括两个阶段：前加工阶段、渗漏-整合过程。以 3 个选项（A、B 和 C）和 2 个属性因素（X 和 Y）的决策任务为例，决策过程如图 3-9 所示，实心箭头代表激励，空心箭头代表抑制关系。

（1）前加工阶段

在前加工阶段，决策者的注意力随机地关注属性因素 X 或 Y。首先对选项 i 在每个属性上进行收益与损失的比较，然后评价选项 i 相对于其他各选项 j（或某个参照点）的优势或劣势 D_{ij}，与决策场理论不同的是，渗漏竞争累积模型采纳了交互激活模型（Interactive Activation Model）的观点，假设当且仅当选项 i 的效值水平大于或

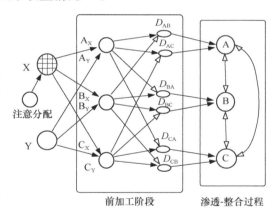

图 3-9　渗漏竞争累积模型决策过程图
资料来源：Usher M，McClelland J L. Loss aversion and inhibition in dynamical models of multialternative choice［J］. Psychological Review，2004，111（3）：757-769.

等于零时，才能通过非线性的损失规避值函数 V 进行扩散，得到选项 i 的累积效值 I_i。由于损失规避值函数的作用，I_i 总是负值，设定增加正的常数 I_0，以保证选项 i 能够参与下一阶段的渗漏-整合过程，用公式表述为：

$$I_i = V(D_{ij}) + I_0 \quad (j \neq i) \tag{3-60}$$

$$I_A = V(D_{AB}) + V(D_{AC}) + I_0 \tag{3-61}$$

$$I_B = V(D_{BA}) + V(D_{BC}) + I_0 \tag{3-62}$$

$$I_C = V(D_{CA}) + V(D_{CB}) + I_0 \tag{3-63}$$

使用非线性优势函数得到损失规避价值函数，如下：

$$V(x) = z(x), \; x > 0 \tag{3-64}$$

$$V(x) = -\{z(|x|) + [z(|x|)]^2\}, \; x < 0 \tag{3-65}$$

式中，函数 $z(x) = \log(1+x)$，其在原点的斜率为 1，并随收益单调减小。

（2）渗漏-整合过程

该阶段的特征是信息渗漏与水平抑制。根据渗漏概念，一些噪声会引起选项 i 的 D 值发生衰减[27]，衰减后的 D 值与激活水平整合形成了选项 i 的最终效值 A_i。这一非线性随机动态过程表示如下：

$$A_i(t+1) = \lambda A_i(t) + (1-\lambda)\left[I_i(t) - \beta \sum_{j \neq i} A_j(t) + \xi_i(t)\right] \tag{3-66}$$

式中　　λ——衰减常数；

　　　　β——总的抑制参数；

　　　　ξ——呈正态分布的随机项，均值为 0，标准差为 σ。

Usher 和 McClelland 的研究证明，渗漏竞争累积模型可以通过注意转换机制解释相似效应，使用损失厌恶假设解释吸引和折中效应。

3.3.3　关注过程的决策理论模型特点

关注过程的决策理论模型对心理和情感过程给予更多的关注，注重认知过程，主要特点包括以下几个方面：

（1）与效用理论模型相比，关注过程的决策理论模型可以分析决策过程而不只是决策结果。效用理论模型能够得到一组选项的偏好排序，而决策场理论可以解释这一选择排序的动态决策过程，可以得到各选项的偏好强度，并对决策时间进行预测，进而分析选择与决策时间的关系。

（2）随着越来越精确的过程追踪技术和软件程序的出现，关注过程的决策理论模型可以根据调查或实验数据估计模型参数，进而对更多的决策行为现象做出解释。

（3）关注过程的决策理论模型参数的可解释性强，如决策阈值可以表示冲动的或谨慎的思考，初始偏好状态分布可以反映决策环境带来的不确定性等。

3.4　组合决策理论模型

随着对决策研究的深入，相关学者提出了双系统决策模型，将人的决策过程分为两个系统，不同的系统使用不同的决策模型，两个系统交互作用产生决策。此外，也有研究将决策策略和决策过程数据与效用理论模型相结合，深入分析决策行为规律。

3.4.1 双系统和双网络决策模型

1. 双系统决策模型

2002 年，Kahneman 和 Frederick 提出了决策的双重加工理论，将人的决策过程分为两个系统，分别为系统一和系统二，不同系统的信息加工过程使用不同的策略，是两种不同的决策方式，两个系统并不是绝对平行的，而是存在某种交互作用关系，人们可以通过两种交互且平行的系统来认识现实世界[29]。

系统一是经验系统（Experiential System），进行经验直觉决策，遵循基于直觉的、快速的、自动的加工过程，不占用或者占用很少的心理资源，不受或者较少受到认知能力的限制，整个加工过程人们很难或者无法意识到，容易受到外界环境的影响和干扰，因此，会影响决策的准确性。系统二是理性系统（Rational System），它遵循细致分析规则，是一种慢速的、有意识控制的、深思熟虑的信息加工方式，它更多地依赖于人的理性、逻辑和规则，会占用大量的心理资源，是人们在决策时可以意识到的决策系统，不易受到外界环境的影响[30]。

在决策过程中，快速简单的经验直觉决策和精细慢速的理性决策是同时存在的，共同作用进行决策。当两个系统作用的方向一致时，决策的过程和结果既合乎理性又合乎直觉；当两个系统作用方向相反时，两个系统则存在竞争关系，占优势的系统会控制决策的过程和结果。

比如，在经典的"亚洲疾病"问题中[27]，某地爆发了一场严重的"亚洲疾病"，在这场疾病中 600 人可能死于疾病。为了应对这场疾病，有两种方法可供选择：如果实行 A 方法，200 人将获救；如果实行 B 方法，有 1/3 的可能性 600 人全部获救，有 2/3 的可能性无一获救。在这个版本的决策中大部分参与者选择了 A 方法。

如果改变两种方法的表述，得到：如果实行 A 方法，400 个人将死于病魔之手；如果实行 B 方法，则有 1/3 的可能性无人死亡，而有 2/3 的可能性 600 人全部死亡。在这个版本的决策中大部分参与者选择了 B 方法。

可以看出，虽然这两个版本的决策问题表述不同，但内容实质是一样的，却引起参与者不同的决策。这是由于人们的经验系统会受到情绪反应的影响，认为救人的选项更具吸引力，而死亡的选项更加令人厌恶。

因此，在实际决策中，当经验系统和理性系统相矛盾时，受情绪影响的经验直觉决策往往会占优势，使得决策结果呈现非理性的现象，出现了相同问题由于表述不同而做出不同选择的情况。

一般认为，经过深思熟虑的理性决策的效果要好于经验直觉决策，两种决策方式的准确性都依赖于决策原则和与环境的匹配程度，有时决策者会忽略一些信息，可能会增加决策结果的准确程度。

2. 并行—约束—满足网络模型

Glöckner 和 Betsch 将并行—约束—满足模型（Parallel Constraint Satisfaction，PCS）应用于各种决策任务[31]。并行—约束—满足网络模型是考虑寻找一组选项之间的一致性，如当一个选项的价格较低，另一个选项的分辨率较高时，并行—约束—满足机制被激活，以便找到对问题的最佳解释。该模型没有明确描述必要的认知策略或启发式方法，而是依赖于一种更全面的或格式塔式的概念。这里介绍综合考虑选项决策和搜索策略的并行—约束—满意网络模型。

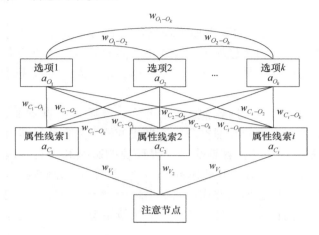

图 3-10　并行—约束—满足网络结构

资料来源：Glöckner A, Betsch T. Modeling option and strategy choices with connectionist networks：Towards an integrative model of automatic and deliberate decision making [J]. MPI Collective Goods Preprint, 2008, (2008/2)：215-228.

（1）并行—约束—满足网络模型

并行—约束—满足网络模型是一种链接网络决策方法，用于概率决策任务，可以用一个简单的网络结构来表示，如图 3-10 所示。

基于并行—约束—满足网络结构，决策问题用神经网络表示，属性线索和选项是网络中的节点，每个选项由三个属性线索描述，注意节点确定在每个时间步决策者关注的属性，且可以激活网络。逻辑关系由这些节点之间的链接来表示，所有链接都是双向的，如属性和选项之间双向影响的兴奋或抑制作用，表示属性线索不仅有助于选项的选择，也能抑制选项的选择。选项之间的强抑制关系表示只能选择一个选项。注意节点和属性

线索之间的联系的强度表示线索的初始有效性。节点之间关系的强度由权重表示，权重取值范围为 $-1 \sim 1$。

使用神经网络的激活函数 Sigmoid 函数作为迭代更新函数，模拟激活（Activation）在网络中的传播过程，经过一定次数的迭代后，网络会达到平衡状态，此时，节点激活水平停止变化。

假设所有节点在时间 $t = 0$ 时从激活水平为 0 开始，所有节点在时间 $t + 1$ 的激活水平通过以下公式计算[31]：

$$a_i(t+1) = a_i(t)(1-\lambda) + input_i(t)\gamma_i \qquad (3-67)$$

式中　$a_i(t)$ ——节点 i 在时间 t 的激活水平；

　　　　λ ——衰减参数；

　　　　γ_i ——比例因子。

每个节点的输入激活水平 $input_i(t)$，由当前节点与任何其他节点连接权重和其他节点的激活水平值来计算：

$$input_i(t) = \sum_{j=1}^{n} w_{ij} a_j(t) \qquad (3-68)$$

式中　w_{ij} ——当前节点 i 和任何连接节点 j 之间的连接权重；

　　　　$a_j(t)$ ——节点 j 在时间 t 的激活水平。

当 $input_i(t) < 0$，$\gamma_i = a_i(t) - a_{\min}$；当 $input_i(t) > 0$，$\gamma_i = a_{\max} - a_i(t)$。

式中　$a_{\min}$ ——最小激活值，可以取 -1；

　　　　$a_{\max}$ ——最大激活值，可以取 1。

模型的计算过程是，在时间 $t+1$ 的激活水平等于时间 t 时的激活水平乘以衰减参数，然后通过该节点的输入激活乘以比例因子来增加或减少激活值。

根据以上公式，节点的激活会一直更新变化，直到达到最大一致性状态下的网络稳定解为止。

（2）启动有意构建（Deliberate Constructions，DC）

并行-约束-满足网络模型通过改变网络中节点的激活水平，找到决策问题的解决方案。网络的一致性演化过程由分配给网络节点之间链接的权重来决定。如果一致性级别（C）超过阈值（θ），并行-约束-满足网络进程结束，并选择具有最高激活的选项。可接受的一致性水平的阈值可以根据个人、任务和环境相关因素进行设置，如果有时间限制，决策者可以降低阈值水平，如果决策与他人高度相关，可以提升阈值水平。

当并行-约束-满足网络模型主网络的一致性低于阈值（$C < θ$）时，启动有意构造操作，见图 3-11，此时，将创建一个次网络，选择和使用适宜的有意构造决策策略，以帮助主网络达到可接受的一致性级别，有意构造操作策略并不能取代并行—约束—满足网络规则来进行信息集成和做出选择，主要是搜索、补充或分析信息的策略，如前面章节提到的补偿性和非补偿性决策策略。

因此，主次网络具有不同的功能。主网络的功能是做出行为决策，即选择一个选项。次网络起辅助的作用，以间接方式影响选项决策，以帮助主网络完成其工作。两个网络都遵循一致性最大化的原则。

并行-约束-满足网络模型与决策场理论、渗漏竞争累积模型等有相似之处，在基于信

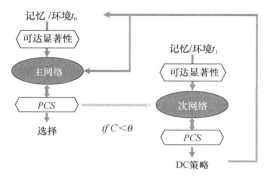

图 3-11　基于主次网络的综合并行—
约束—满足网络模型

资料来源：Glöckner A，Betsch T. Modeling option and strategy choices with connectionist networks：Towards an integrative model of automatic and deliberate decision making［J］. MPI Collective Goods Preprint，2008，(2008/2)：215-228.

息的偏好累计过程中，不同选项的信息以串行方式累加，直到一个选项的累积偏好比另一个选项好得多，即选择这个选项，不同之处在于，并行-约束-满足网络模型假设信息以双向方式进行评估和解释，是一个完全不同的过程，而决策场理论、渗漏竞争累积模型等则以单向方式进行偏好累积和选择。

3.4.2　基于决策策略与效用理论的组合决策模型

1. 两阶段决策过程模型

传统的经济学模型在决策研究中遵循完全理性的效用最大化原则，决策者需要根据情境和资源付出一定的努力来得到好的决策结果，而心理学的决策研究认为，决策者在信息加工过程中其能力和资源是有限的，这就使得决策过程往往是分两阶段进行的，第一阶段是通过非补偿性决策策略（如方面消除策略）筛选选项，第二阶段是使用补偿性决策策略评价剩余的选项。Manski 构建了两阶段决策过程模型[32]：

$$P_i = \sum_{C \subseteq \Gamma} P_{i|C} \boldsymbol{Q}_C \tag{3-69}$$

式中　　P_i——选择选项 i 的概率；

　　　　$P_{i|C}$——基于选择集 C 选择 i 的条件概率，$C \subseteq \Gamma$；

　　　　C——选择集；

　　　　Γ——可选选择集集合；

　　　　$\boldsymbol{Q}_C$——概率集。

Swait 的研究给出了模型的定义如下[33]：

$$P_{in} = \sum_{C \subseteq \Gamma_n} P_{in|C} \boldsymbol{Q}_{nC} \tag{3-70}$$

$$P_{in|C} = \frac{\exp(\beta_n X_{in})}{\sum_{j \in C} \exp(\beta_n X_{jn})} \tag{3-71}$$

$$\boldsymbol{Q}_{nC} = \frac{\prod_{j \in C} A_{jn} \prod_{j \in C_n - C} (1 - A_{jn})}{1 - \prod_{j \in C_n} (1 - A_{jn})}, C \in C_n \tag{3-72}$$

式中　　Γ_n——个体 n 的可选选择集集合；

　　　　$P_{in|C}$——个体 n 从选择集 C 中选择 i 的概率；

　　　　$\boldsymbol{Q}_{nC}$——个体 n 选择选项集 C 的概率集；

　　　　C_n——个体 n 的选择集；

　　　　X_{in}——选项 i 的属性因素和个人相关信息；

　　　　β_n——系数向量。

选项 i 属于选择集 C_n，即 $i \in C_n$ 的概率 A_{in} 可以通过参数化的 Logistic 函数式（3-73）得到：

$$\boldsymbol{A}_{in} = \left[1 + \exp(-\gamma \boldsymbol{W}_{in})\right]^{-1} \tag{3-73}$$

式中　　γ——解释选项集选项协变量的参数行向量；

　　　　$\boldsymbol{W}_{in}$——解释选项集选项协变量的列向量。

以上模型的标定可以通过基于仿真的最大似然估计得到。两阶段决策模型可以模拟决策过程中不同阶段的行为现象，包含了在选项筛选阶段的非补偿决策行为和评价阶段的补偿决策行为，由于可选选择集数量会随着选项数量的增加爆炸性增长，使得模型估计比较困难，例如，对于 m 个选项，会有大约 $2^m - 1$ 个可行选择集，在这种情况下，启发式方法可以有效解决这一问题。

2. 考虑截断点约束的决策模型

对于决策策略的相关研究显示，非补偿性决策策略是人们最常用的决策策略，补偿性策略仅仅在决策问题的信息内容比较少或选项被初步筛选后才使用。考虑决策策略的使用建立的两阶段决策过程模型[34]，有时模型标定会比较困难，如果加入截断点（Cutoffs），也可以建立考虑决策策略的决策模型，且不用划分为两个阶段。

（1）截断点

截断点的存在和使用已经在决策研究中得到广泛的认识，截断点可以理解为决策者为了减少做出决策所付出的努力，而使用其减少选项数量再进一步进行决策的方法。相关研究也证明决策者会使用截断点简化决策问题[35]，如方面消除策略（EBA）和满意策略（SAT），选项必须达到属性的决策阈值才可能被选择。

（2）考虑截断点约束的离散选择问题

考虑到以下微观经济学理论中广泛应用的优化问题，关于离散商品选择，当在可行选择集 C 中进行选择时，个体 n 根据效用函数 U_n 进行决策，假设效用函数依赖于 $K-1$ 个属性因素 X_i 和价格属性因素 P_i。个体选择行为可以通过以下标准效用函数的最大化过程得到：

$$\max_{\delta_{ni}} \sum_{i \in C} \delta_{ni} U_n(X_i, p_i) \tag{3-74}$$
$$\mathrm{s.\,t.} \sum_{i \in C} \delta_{ni} = 1, \delta_{ni} \in \{0,1\}$$

式中　δ_{ni}——个体 n 选择选项 i 的标识；

X_i——描述选项 i 的属性或影响因素的向量；

p_i——选项 i 的价格。

现在假设 C 中的商品都有可接受的属性值范围。为了简化，对于属性 X_{ik}，$k = 1, \cdots, K-1$，假设其范围限制为 a_{nk} 和 b_{nk}，$-\infty < a_{nk} \leqslant b_{nk} < \infty$，价格 p_i 的限制范围为 a_{nK} 和 b_{nK}，$-\infty < a_{nK} \leqslant b_{nK} < \infty$。

可以将以上选择问题修改为：

$$\max_{\delta_{ni}} \sum_{i \in C} \delta_{ni} \overline{U}_n(X_i, p_i) \tag{3-75}$$
$$\mathrm{s.\,t.} \sum_{i \in C} \delta_{ni} = 1, \delta_{ni} \in \{0,1\}$$
$$a_{nk} \leqslant X_{ik} \leqslant b_{nk} \quad k = \{1, \cdots, K-1\}$$
$$a_{nK} \leqslant p_i \leqslant b_{nK} \quad \forall i \in C$$

定义属性和价格的上下限阈值，即截断点为 $\theta_n^L = [a_{n1}, a_{n2}, \cdots, a_{nK}]$，$\theta_n^U = [b_{n1}, b_{n2}, \cdots, b_{nK}]$，向量 $Z_i = (X_i, p_i)$，包含选项 i 的属性因素和价格。

优化问题［式（3-75）］可以写成以下无约束拉格朗日函数：

$$\max_{\delta_{ni}} L = \sum_{i \in C} \Big(\delta_{ni} \overline{U}_n(X_i, p_i) + \sum_k \lambda_{nik}(b_{nk} - Z_{ik}) - \sum_k \kappa_{nik}$$
$$(a_{nk} - Z_{ik}) \Big) + \gamma_n \Big(\sum_{i \in C} \delta_{ni} - 1 \Big) \tag{3-76}$$

式中　γ, λ 和 κ——与约束条件相关的拉格朗日乘子。

（3）考虑截断点的约束效用函数

在传统效用理论模型基础上，增加考虑截断点的效用项，得到如下的约束效用函数[36]：

$$V_n(Z_i) = V_n^c(Z_i) + \frac{1}{\mu} \ln \phi_{ni}(Z_i) + \varepsilon_{ni} \tag{3-77}$$

式中　V^c——补偿效用函数项；

ε——随机项，假设服从参数为 $(0, \mu)$ 的 Gumbel 分布；

$1/\mu$——比例参数，是当效用离散程度增加时，增加惩罚函数的效用值。

惩罚函数效用项的截断点因子 $\phi_{ni} = \prod_{k=1}^{K} \phi_{nki}^L \cdot \phi_{nki}^U$，由 K 个属性或影响因素的上下限阈

值截断点构成，每个基本截断点因子定义为一个二项 Logit 模型：

$$\phi_{nki}^{L} = \frac{1}{1 + \exp(\omega_k(a_{nk} - Z_{ki} + \rho_k))} = \begin{cases} 1 & \text{if}(a_{nk} - Z_{ki}) \longrightarrow -\infty \\ \eta_k & \text{if} a_{nk} = Z_{ki} \end{cases} \tag{3-78}$$

$$\phi_{nki}^{U} = \frac{1}{1 + \exp(\omega_k(Z_{ki} - b_{nk} + \rho_k))} = \begin{cases} 1 & \text{if } (b_{nk} - Z_{ki}) \rightarrow \infty \\ \eta_k & \text{if} b_{nk} = Z_{ki} \end{cases} \tag{3-79}$$

定义：

$$\rho_k = \frac{1}{\omega_k} \cdot \ln\left(\frac{1 - \eta_k}{\eta_k}\right), \ \omega_j > 0$$

式中　ρ_k, ω_k ——与截断点阈值相关的参数；

　　　　η_k ——截断点阈值。

截断点因子的计算如下：

$$\ln\phi_{ni} = \ln\left[\prod_k^K \phi_{nki}^{L} \cdot \phi_{nki}^{U}\right] = \sum_k^K \left(\ln[\phi_{nki}^{L}] + \ln[\phi_{nki}^{U}]\right) \tag{3-80}$$

$$\ln\phi_{ni} = -\sum_k^K \left(\ln[1 + \exp\omega_k(a_{nk} - Z_{ki} + \rho_k)] + \ln[1 + \exp\omega_k(Z_{ki} - b_{nk} + \rho_k)]\right) \tag{3-81}$$

（4）考虑截断点的多项约束 Logit 模型

基于约束效用函数［式（3-77）］，个体的选择决策问题定义为：

$$\underset{i \in C}{\text{Max}} V_n(Z_i) = V_n^C(Z_i) + \frac{1}{\mu}\ln\phi_{ni} + \varepsilon_{ni} \tag{3-82}$$

式中　C ——选择集；

　　　　ϕ_{ni} —— $\phi_{ni} = \phi_{ni}(Z_i)$。

表达式（3-82）是优化决策问题［式（3-75）］的简化随机目标函数，得到以下多项约束 Logit 模型的选择概率：

$$P_{ni} = \text{Prob}\left[V_{ni}^C + \frac{1}{\mu}\ln\phi_{ni} + \varepsilon_{ni} \geqslant \max_{j \in C}\left(V_{nj}^C + \frac{1}{\mu}\ln\phi_{nj} + \varepsilon_{nj}\right)\right] \tag{3-83}$$

假设约束效用函数的随机项服从 Gumbel 独立同分布，则得到以下选择概率函数：

$$P_{ni} = \frac{\phi_{ni} \cdot \exp(\mu V_{ni}^C)}{\sum_{j \in C}\phi_{nj} \cdot \exp(\mu V_{nj}^C)} \tag{3-84}$$

考虑截断点的多项约束 Logit 模型，在传统效用理论模型的效用函数中考虑截断点的惩罚函数效用项，将截断点因子嵌入多项式 Logit 模型中，拓展的模型可以更好地解释一些实际中的决策行为现象。

3.4.3　考虑决策过程与效用理论的组合决策模型

现有的标准效用理论模型认为，个体根据属性因素来筛选和排序备选方案，进而做出选择。而个体的决策过程会因个体、环境和决策任务等而各不相同，因此，在决策行为建模时需要考虑决策过程的异质性。

1. 过程增广选择模型

为了分析决策过程的异质性，基于收集的决策过程数据，包括查看的属性信息、查看信息的频率和顺序等，进而构建辅助变量并加入传统的 Logit 模型中，得到一种新的考虑决策过程异质性的建模方法，以分析一系列决策规则对选择任务的影响。

假设标准效用函数的随机项，即未观测到的相关因素影响的误差项 ε_{in}，可以看作是决策者在决策过程中使用非补偿启发式决策规则所生成的误差，也代表了决策过程的异质性。

设 G_{in} 为 P 个二元（0，1）变量构成的指标向量，表示选项 i 是否满足决策者 n 所定义的 P 个启发式决策规则。例如，某一决策规则为"如果选项的价格超过 800 元，则删除该选项"，所以，如果选项 i 的价格高于 800 元，指标向量元素 G_{ikn}，即第 k 个影响因素的指标取值为 1，否则为 0。假设个体按照这样的决策规则进行选择，传统的多项 Logit 模型的效用函数拓展为增广效用函数[37]。

$$U_{in} = V_{in} + \varepsilon_{in} = \sum_{k=1}^{K} \theta_k X_{ink} + \sum_{k=1}^{K} \gamma_k G_{ikn} + \varepsilon_{in} \tag{3-85}$$

式中　γ_k——系数向量，用于测量决策过程变量的影响；

　　　G_{ikn}——决策规则变量。

通过拓展的增广效用函数可以分析决策过程个体差异性的影响，主要在于：

（1）决策过程数据可以反映决策者在属性因素处理策略上的个体差异性。

（2）在分析中将决策过程数据转换为特定的决策规则变量。

基于以上改进的效用函数得到的选择模型为过程增广选择模型（Process-Augmented Choice Models）。

2. 识别和构建启发式决策规则变量[37]

主要的两种启发式决策规则，为 S 规则和 R 规则：

（1）筛选决策规则（Screening-dependent Rules），也称为 S 规则。如果一个选项不具有某一属性水平的特征或不能达到某一属性水平的特征，则删除该选项。

（2）等级依赖决策规则（Rank-dependent Rules），也称为 R 规则。根据选项在某一属性值上的排序是最好还是最差来决定是保留或删除该选项。

通过过程追踪技术获得的决策过程数据，进而构建非补偿启发式决策原则的过程指标。

假定一个选择实验，给决策者呈现决策信息矩阵，矩阵行列由选项及其属性因素构成，矩阵的每个单元表示某一选项的某个属性值。决策者依次获取查看选项的属性信息，设选项 i 的 k 属性信息被查看的次数是 Q_{ik}，每个决策者生成一系列标记为 t_{ikj}^{open} 和 t_{ikj}^{close} 的信息获取过程数据，表示在第 j，$j=1,\cdots,Q_{ik}$ 次信息获取时，信息单元 (i,k) 被打开和关闭的时间。基于这些数据可以得到大量的决策过程指标，来反映不同的启发式决策规则[38]。主要提取两类信息，包括对每个属性信息的注意量和信息获取查看的决策阶段。

每个属性信息的注意量 t_{ij} 通过查看信息单元格所花费的总时间来表示：

$$t_{ik} = \sum_{j=1}^{Q_{ik}} (t_{ikj}^{\text{close}} - t_{ikj}^{\text{open}}) \tag{3-86}$$

假设选项集合为 S，选择集标识指标为 $s=1,\cdots,S$。对于基于属性的备选项，如果 $t_{i\cdot}$ 的值较低，表示该选项可能会被删除，而对于选项的属性；如果 $t_{\cdot k}$ 较高，表示该属性可以用于备选方案比较。

假设 r_{ik} 为在决策过程的时间中点 t^{mid} 之前的信息单元查看次数的比例，则：

$$r_{ik} = \frac{\sum\limits_{j=1}^{Q_{ik}} r_{ikj}}{Q_{ik}} \tag{3-87}$$

$$r_{ikj} = \begin{cases} 1 & \text{当 } t_{ikj}^{\text{close}} < t^{\text{mid}} \\ 0 & \text{其他} \end{cases} \tag{3-88}$$

对于基于属性的备选项，如果 $r_{i\cdot}$ 值较高，表示该选项在决策过程早期阶段被淘汰，而较低的值则表示该选项被保留下来，用于在后面的决策过程中进行比选。对于选项的属性，如果 $r_{\cdot k}$ 值较高，表示使用属性 k 来筛选选项，而低值则表示该属性用作后面决策过程中对选项进行比较。

根据注意量和信息获取的阶段来构建决策规则的过程指标，对于筛选决策规则 S 规则，假设一项决策任务，包含选择集 S 和一些属性水平阈值，属性水平阈值作为选项必须具有或达到的特征，以进行选项筛选。

设 t_{l_k} 为在 S 选择集上查看属性 k 的水平 l_k 所花费的总时间，其中 $l_k \in \{1,\cdots,L_k\}$，$k = 1,\cdots,K$，L_k 为属性水平特征数量。将 $l_k^{+\alpha}$ 定义为在所有属性特征中受到最大关注的特征（或属性水平），即 $t_{l_k^{+\alpha}} = \max(t_{l_k})$，定义 $l_k^{-\alpha}$ 为受到最小关注的特征，即 $t_{l_k^{-\alpha}} = \min(t_{l_k})$。同理，设 r_{l_k} 为在选择集 S 上查看属性 k 的水平 l_k 的决策阶段比例值，定义 l_k^{+p} 为具有最高决策阶段比例值的特征（或属性水平），即 $r_{l_k^{+p}} = \max(r_{l_k})$，定义 l_k^{-p} 为具有最低决策阶段比例值的特征，即 $r_{l_k^{-p}} = \min(r_{l_k})$。

定义两个"必须有的特征水平"的 S 规则变量为：

如果选择集 s 中的备选方案 i 包含特征 $l_k^{+\alpha}$，则 S 规则必须具有的特征变量指标 $ReqA_{is} = 1$，否则为 0。

如果选择集 s 中的备选方案 i 包含特征 l_k^{-p}，则 S 规则必须具有的特征变量指标 $ReqP_{is} = 1$，否则为 0。

定义两个"必须避免具有的特征水平"的 S 规则变量为：

如果选择集 s 中的备选方案 i 包含特征 $l_k^{-\alpha}$，则 S 规则必须避免具有的特征变量指标 $AvoA_{is} = 1$，否则为 0。

如果选择集 s 中的备选方案 i 包含特征 l_k^{+p}，则 S 规则必须避免具有的特征变量指标 $AvoP_{is} = 1$，否则为 0。

对于等级依赖决策规则 R 规则，需要确定一个备选方案在某一属性上是否具有最大值或最小值，即这个属性是在整个决策过程中被关注的是最多还是最少的，或是在最近阶段被关注的。

如果定义 $t_k^{tot} = \sum\limits_{s=1}^{S} \sum\limits_{i=1}^{N_s} t_{ik}^{s}$ 为在选择集 S 上查看属性 k 所花费的总时间，N_s 为选择集 S 中的选项数量，$r_k^{tot} = \sum\limits_{s=1}^{S} \sum\limits_{i=1}^{N_s} r_{ik}^{s}$ 为查看属性 k 的总阶段比例值，进而，可以识别给定备选方案 i 的 R 规则。

假设 k^* 是最受关注的属性，即 $t_{k^*} = \max(t_1^{tot}, t_2^{tot}, \cdots, t_K^{tot})$。定义两个基于注意的 R 规则变量：

如果选择集 s 中的备选方案 i 在属性 k^* 上是最好的，则 R 规则的变量指标 $\mathrm{Max}A_{is} = 1$，否则为 0。

如果选择集 s 中的备选方案 i 在属性 k^* 上是最差的，则 R 规则的变量指标 $\mathrm{Min}A_{is} = 1$，否则为 0。

设 k^+ 为在每个选择集的评估阶段的后半段中最受关注的属性，即 $r_{k^+} = \min(r_1^{lat}, r_2^{lat}, \cdots, r_K^{lat})$。定义两个基于决策阶段的 R 规则变量：

如果选择集 s 中的备选方案 i 在属性特征 k^+ 上是最好的，则 R 规则的变量指标 $\mathrm{Max}P_{is} = 1$，否则为 0。

如果选择集 s 中的备选方案 i 在属性特征 k^+ 上是最差的，则 R 规则的变量指标 $\mathrm{Min}P_{is} = 1$，否则为 0。

以上决策规则中，l_k^{+a}、l_k^{-a}、l_k^{+p}、l_k^{-p}、k^*、k^+ 随个体差异而取不同的值，所以，即使面对完全相同的选择集，个体的 S 规则和 R 规则变量的值也会因个体差异而各不相同。

3.5　小结

本章主要对决策行为的理论模型进行了论述，关注结果的决策理论模型主要研究个体如何对备选方案的效用和发生概率进行评估，以及在此基础上做何种选择，包括期望值理论、期望效用理论等，其中，随机效用理论是假设个体基于随时间和环境等变化的可变效用来选择效用最大的选项，包括多项 Logit 模型、嵌套 Logit 模型、混合 Logit 模型等。

为了解释决策行为的有限理性现象，描述性决策理论模型从个体心理因素如情感、记忆、思维等方面寻求对决策行为的描述与解释，更关注描述人们实际上是如何做决定的，主要的模型包括前景理论、后悔理论、失望理论等。

关注过程的决策理论研究属于心理学的研究范式，认为个人的选择必须基于潜在的认知过程，其将决策过程看作是对已知信息进行收集、加工、推理、判断，进而形成决策的过程，可以解释决策行为背后的心理过程，更适合对决策行为的深层次研究。

将决策过程与传统效用理论模型相结合，建立考虑决策者异质性和决策过程差异性的组合决策模型，来分析决策行为，也是未来决策研究的方向。

本章参考文献

[1]　Johnson J G，Busemeyer J R. Decision making under risk and uncertainty[J]. Wiley Interdisciplinary Reviews：Cognitive Science，2010，1(5)：736-749.

[2]　慈铁军. 基于决策者偏好的区间数多属性决策方法研究[D]. 天津：河北工业大学，2014.

[3]　Schkade D A，Johnson E J. Cognitive processes in preference reversals[J]. Organizational Behavior and Human Decision Processes，1989，44(2)：203-231.

[4]　May K O. Intransitivity，utility，and the aggregation of preference patterns[J]. Econometrica：Journal of the Econometric Society，1954：1-13.

[5]　McFadden D. Econometric models of probabilisticchoice[J]. Structural Analysis of

Discrete Data with Econometric Applications，1981，198-272.

[6] McFadden D. Modeling the choice of residential location. Transportation Research Record，1978，72-77.

[7] Ben-Akiva M，Lerman S R. Discrete Choice Analysis：Theory and Application to Travel Demand. [J] Cambridge，MA：MIT Press，1985.

[8] Hensher D A，Greene W H. The mixed logit model：the state of practice[J]. Transportation，2003，30(2)：133-176.

[9] Chiou Y C，Jou R C，Kao C Y，Fu C. The adoption behaviors of freeway electronic toll collection：Alatent class modelling approach[J]. Transportation Research Part E，2013，49：266-280.

[10] 陈坚，晏启鹏，杨飞，胡骥. 出行方式选择行为的 SEM-Logit 整合模型[J]. 华南理工大学学报(自然科学版)，2013，41(2)：51-57，65.

[11] Kahneman D，Tversky A. Prospect theory：An analysis of decision under risk[J]. Econometrica，1979，47(2)：263-292.

[12] Tversky A，Kahneman D. Advances in Prospect Theory：Cumulative Representation of Uncertainty[J]. Journal of Risk and Uncertainty，1992，5(4)：297-323.

[13] Loomes G，Sugden R. Regret theory：An alternative theory of rational choice under uncertainty[J]. The Economic Journal，1982，92(368)：805-824.

[14] Bell D E. Regret in decision making under uncertainty[J]. Operations Research，1982，30(5)：961-981.

[15] 张浩. 考虑后悔与失望行为的应急方案选择与调整方法研究[D]. 沈阳：东北大学，2014

[16] Bell D E. Disappointment in decision making under uncertainty[J]. Operations Research，1985，33(1)：1-27.

[17] Townsend J T，Ashby F G. Stochastic modeling of elementary psychological processes[M]. CUP Archive，1983.

[18] Otter T，Johnson J，Rieskamp J，et al. Sequential sampling models of choice：Some recent advances[J]. Marketing Letters，2008，19(3)：255-267.

[19] Smith P L，Ratcliff R. Psychology and neurobiology of simple decisions[J]. Trends in Neurosciences，2004，27(3)：161-168.

[20] Diederich A，Busemeyer J R. Simple matrix methods for analyzing diffusion models of choice probability，choice response time，and simple response time[J]. Journal of Mathematical Psychology，2003，47(3)：304-322.

[21] Busemeyer J R，Townsend J T. Decision field theory：A dynamic-cognitive approach to decision making in an uncertain environment[J]. Psychological Review，1993，100(3)：432-459.

[22] Roe R M，Busemeyer J R，Townsend J T. Multialternative decision field theory：A dynamic connectionst model of decision making[J]. Psychological Review，2001，108(2)：370-392.

［23］　李一磊．服装设计风格决策模型的研究与实现［D］．上海：东华大学，2011．

［24］　李艾丽莎，张庆林．决策的选择偏好研究述评［J］．心理科学进展，2006，14（4）：618-624．

［25］　Johnson J G，Busemeyer J R. Rule-based decision field theory：A dynamic computational model of transitions among decision-making strategies［M］. The Routines of Decision Making，2005，3-20．

［26］　Busemeyer J R，Myung I J. An adaptive approach to human decision making：Learning theory，decision theory，and human performance［J］. Journal of Experimental Social Psychology，1992，121（2）：177-194．

［27］　Usher M，McClelland J L. Loss aversion and inhibition in dynamical models of multialternative choice［J］. Psychological Review，2004，111（3）：757-769．

［28］　Tversky A，Kahneman D. The framing of decisions and the psychology of choice［J］. Science，1981，211（4481）：453-458．

［29］　Kahneman D，Frederick S. Representativeness revisited：Attribute substitution in intuitive judgment［J］. Heuristics and Biases：The Psychology of Intuitive Judgment，2002，49-81．

［30］　杜洪涛．生态理性：决策环境对决策者信息加工和决策策略的影响［D］．西安：陕西师范大学，2012．

［31］　Glöckner A，Betsch T. Modeling option and strategy choices with connectionist networks：Towards an integrative model of automatic and deliberate decision making［J］. MPI Collective Goods Preprint，2008，（2008/2）：215-228．

［32］　Manski C F. The structure of random utility models［J］. Theory and Decision，1977，8（3）：229-254．

［33］　Swait J. Probabilistic choice set formation in transportation demand models［J］. Unpublished Ph. D. Dissertation，MIT，Cambridge，MA，1984．

［34］　Swait J. A non-compensatory choice model incorporating attribute cutoffs［J］. Transportation Research Part B：Methodological，2001，35（10）：903-928．

［35］　Svenson O. Decision making and the search for fundamental psychological regularities：What can be learned from a process perspective？［J］. Organizational Behavior & Human Decision Processes，1996，65（3）：252-267．

［36］　Martínez F，Aguila F，Hurtubia R. The constrained multinomial logit：A semi-compensatory choice model［J］. Transportation Research Part B：Methodological，2009，43（3）：365-377．

［37］　Johnson E J，Hardie B G S，Meyer R J，et al. Observing Unobserved Heterogeneity：Using Process Data to Enhance Choice Models［J］. 2006．

［38］　Ford J K，Schmitt N，Schechtman S L，et al. Process tracing methods：Contributions，problems，and neglected research questions［J］. Organizational Behavior & Human Decision Processes，1989，43（1）：75-117．

第 4 章　决策行为实验和调查方法

决策研究的方法主要有两种思路，结构化分析方法和决策过程分析方法[1]。

结构化分析方法（Structural Analysis）主要关注决策结果的影响因素，通过分析各种因素与决策结果之间的关系，来对决策行为进行解释和预测。相应的模型为形式化（Formal）或者 as-if 模型，模型可描述决策任务和决策情景等因素与输出决策行为之间的关系，进而对决策结果进行判断和预测，并可基于实验来验证这些预测结果。

决策过程分析方法（Process Analysis）主要是基于决策的认知加工理论，采用各种过程追踪技术等动态地分析决策过程活动，并深入分析各种心理因素对于决策的影响。相应的模型为决策过程模型，该类模型试图解释各种因素的输入与决策结果的输出之间的认知过程和心理决策机制，可以分析一系列影响因素对决策过程的影响。

基于以上决策研究的两种方法，决策行为的主要实验和调查方法可分为两类进行论述。

4.1　关注决策结果的实验和调查方法

为了获得决策影响因素与决策结果之间的关系，并进行预测，需要采用一定的实验和调查方法，主要有行为调查和意向调查法，获得决策者的实际行为和假定情况下的意向行为数据。同时借助先进的技术设备，也可以改进现有的行为调查方法，提高调查效率。

4.1.1　行为调查和意向调查法

1. 调查方法介绍

行为调查（Revealed Preference，RP）是指在实际决策环境中，获得决策者的选择行为，是对已经发生的行为的调查，具有很高的可靠性[2]。RP 调查数据不能得到实际不存在的设施服务和决策环境下的行为数据，所获得行为信息有限。

意向调查（Stated Preference，SP）是指预先设计各种相关影响因素和服务水平的组合，进而获得人们在不同条件下的行为反应，以便预测相关交通服务或政策实施后的影响结果和程度。它的基本原理是预先设定各属性因素及其水平，将这些属性和水平组成各种虚拟决策情境。因此，意向调查可以获得未发生的情景下的行为意向数据，但由于是未体验过的情景，SP 调查数据可能与实际行为不一致，从而出现偏差。

由于实际决策环境和任务中存在很多不确定因素，仅进行 RP 调查或 SP 调查均不能很好地掌握决策环境下的行为特性，一些研究同时进行 RP 调查和 SP 调查，从而有效克服单一调查方法存在的问题。

2. 调查设计原则

行为调查和意向调查法需要精心设计调查表，以保证调查数据的可靠性，避免调查规模过大、调查内容过于烦琐、选项设置歧义、关键调查内容遗漏等问题。调查问卷应具有较强的科学性和严谨性，其设计应满足下面几个原则[3]：

（1）目的原则

调查问卷设计要与调查研究的内容密切相关，做到每个问题的目的明确且有用，尽量避免可有可无的问题。同时调查问题要简洁明了、通俗易懂，用最简练的语言设计最容易理解的问题，尽量避免使用很专业的术语，减少被调查者的负担，使被调查者很快理解调查的问题。

（2）可靠原则

调查问卷设计的问题和选项设置要以实际情况为基础，特征属性取值时要做到清晰明确，设置合理、有理有据、不脱离实际，确保调查数据的真实可靠。

（3）顺序合理原则

调查问卷设计的问题要遵循循序渐进的思想，同时要考虑研究对象和研究内容的不同，根据研究的重点，合理安排问题顺序。比如，当问卷问题较多时，可以把个人属性相关的问题（性别、年龄等）放在最后一部分进行调查。

综上，调查表设计应当满足尽量简洁、问题明确、语言通俗易懂以及问题的顺序合理的要求。

3. 调查设计内容

调查设计是保证数据收集工作有计划、有组织地进行的前提条件，主要包括以下几部分内容：

（1）调查范围和对象

根据研究内容需要，确定调查的范围和对象，作为调查内容设计的前期工作，调查范围选取不宜过大也不宜过小，过大会增加调查的工作量，过小不能保证调查样本的代表性。调查对象要明确，必要时需要在问卷题目设置中加入相关问题，以便对问卷进行有效性筛选。

（2）调查实施方法

传统的调查实施方法有家庭访问法、访问留置法、邮寄调查、电话调查、现场调查等。其中，现场调查又可分为现场分发问卷并回收调查和现场分发问卷邮寄回收调查。表 4-1 为主要调查实施方法的对比。现场调查主要为面对面的调查，如使用纸质调查问卷，调查者当面询问被调查对象相关问题，并进行必要的解释，被调查者做出回答后回收问卷，这种调查方法需要一定的人力物力，比如需要打印问卷和人工录入数据，且调查范围受限，但是调查数据的可靠性较高。

主要调查实施方法对比　　　　　　　　　　　　　　　表 4-1

调查方法	随机性	偏差	信息量	回收率	成本	实施难易程度
家庭访问法	好	小	大	80%～90%	很高	难
访问留置法	好	小	中	70%～90%	高	难
邮寄调查	好	较大	中	10%～30%	低	难
现场分发问卷并回收调查	较好	小	中	60%～90%	中	中
现场分发问卷邮寄回收调查	不好	较大	中	10%～30%	低	难
网络调查	好	小	中	40%～60%	低	易

资料来源：蒙银平. 基于 RP/SP 调查的交通事件环境下出行行为分析 [D]. 成都：西南交通大学，2012.

随着计算机和互联网技术的发展，网络调查法开始发展起来，如问卷星、微信朋友圈等，通过网络平台将设计好的调查问卷导入，以发送问卷链接等方式收集数据。网络调查方法比较简单方便，收集数据范围广且快，节省了大量的人力物力，但是由于调查者社交范围的限制，有时调查数据的代表性无法保证，比如年轻调查者的朋友圈以青年群体居多，回收问卷数据主要是年轻人。

（3）调查样本量

调查样本量的选取要考虑研究内容和目的，重要课题的研究往往需要大范围大量的样本作为支撑，而一般小型课题的研究样本量可以少些。同时，样本量的大小还要考虑选取的研究方法的需要，要满足建模方法所需的最小样本量需要。此外，样本量的确定还要考虑调查费用是否充足等。根据调查目的可以采用完全随机抽样法、分层随机抽样法等方法。

（4）调查问卷设计

调查问卷设计内容主要由以下几个部分组成：

1）调查的说明

调查的说明一般放置在问卷的开始，包括调查目的、数据用途、调查机构和联系方式的说明等，这是取得被调查者信任和配合完成调查问卷重要的一步。

2）填写注意事项

调查中有些需要注意的事项可以在问卷开始给出简要说明，比如填写示例等。

3）决策者个人信息

主要对被调查者自身的属性进行调查，包括年龄、性别、职业、收入、家庭结构、小汽车拥有数量和居住地等，个人信息可以作为问卷回收样本有无代表性的评估依据，也可以用于个人特征与选择结果的影响关系分析。

4）RP调查内容设计

RP调查内容主要包括与实际备选方案相关的决策环境和行为相关问题的设计，如调查出行方式选择时，要询问其出行过程中的出行费用、出行时间、出行目的、起讫点、出行路径以及使用的出行方式等问题；调查小汽车出行者的停车选择时，要询问其停车目的、停车时长、停车费、停车后步行距离等相关问题。

5）SP调查内容设计

SP调查内容主要包括决策环境的设计、决策任务相关主要因素的选取、因素属性水平的设置和组合设计等。SP调查设计的好坏直接关系到调查数据是否精确、是否有利于建立决策行为模型。

① 决策环境的设计

每个决策任务都是处于一定的决策环境中进行的，要明确给出决策任务的背景环境条件，也可以结合图片、音视频等进行描述，使得被调查者能融入调查情景，使得回收的数据更为可靠。

② 影响因素的选取

决策任务相关的影响因素选取要适宜，因素越多对决策任务的描述越全面和具体，但并非因素越多越好，提供的因素过多，所含的信息量超过被调查者的判断能力，也难于做出正确的回答，而影响数据的准确性。因素过少，又不能很好地描述决策任务，所以，应根据调查目的和内容需要合理设置，一般选择重要的 3～4 个属性因素为宜。

③ 因素属性水平的设置

一般属性水平的设置为 2～3 个，需要深入研究的属性，可以设置 3 个以上的水平。在确定水平值时，要以实际情况为基础，不能脱离现实，导致降低调查数据的精度。设计时可以设置因素水平的基准值，其他水平根据基准值进行增减得到。例如，对于地铁票价因素，可以设置 3 个水平，以 3 元为基础，上下增减 1 元，得到 3 个水平值为 2 元、3 元、4 元。

④ 方案设计

方案设计就是将属性及水平有机结合，形成调查方案，以分析属性及水平值对决策行为的影响。当有 n 个属性、m 个水平时，利用全部因素设计法则有 m^n 个方案，当 n 或 m 增大时，方案数会迅速增加，这种设计方法可以获得全面的数据结果。当因素较多时，为了避免设置较多方案和重复问题的出现，一般会采用正交设计、均匀设计方法、D 有效设计（D-efficient Design）等方法从大量可行的方案中挑选适量且具有代表性、典型性的组合方案来调查。

4.1.2 计算机辅助调查方法

计算机技术的出现和逐步成熟，使得行为调查方法不断更新，从最初的纸笔面访、电话访问、邮寄问卷等方式，发展成为多元化的计算机辅助调查（Computer-Assisted Interviewing，CAI）。早在 20 世纪 30 年代，美国就已开始使用计算机辅助电话调查系统进行民意调查。2010 年我国首次采用计算机辅助调查技术进行全国性的大规模调查。计算机辅助调查（CAI）可分为计算机辅助电话访问、计算机辅助面访以及计算机辅助网络访问调查等多种形式[4]。

计算机辅助调查中会产生大量的数据，在调查问卷数据基础上，还包括自动记录被调查者访问的日期、时间、IP 等信息，进而可以获得被调查者的访问作答时长以及对每个问题的回答时间、所处位置信息等。如果结合调查软件辅助设计，也可以获得被调查者操作和点击鼠标的时间、次数、移动轨迹等过程数据，用于问卷质量的控制和决策过程的分析。比如，计算机辅助网络调查中，调查软件可自动记录问卷调查中单选按钮、列表框、超链接、下拉菜单及提交按钮的鼠标点击数，根据鼠标点击情况分析被调查者的作答过程以及在某些问题上的作答情况[5]。

计算机辅助调查操作界面方便、灵活，具有速度快、效率高、质量高、成本低的特点，可以有效实现内容复杂的问卷设计，设计中可以增加图片和音视频等辅助信息，帮助被调查者理解题目，可以设置复杂的逻辑关系，比如跳转题等增加问卷设置的灵活性，从而提高调查的效率。在调查设计中需要注意问卷内容布局是否合理、问题是否简洁明了、意思是否表达清楚不产生歧义，以减少调查误差[6]。计算机辅助调查能实现数据的自动存储和提取，数据可以实时输入电脑，然后以电子文件方式传输服务器，不需要进行人工数据录入，减少了数据审核和整理工作量，提高了整体的数据采集效率。

计算机辅助调查相对传统的面访调查，具有方便、快速的优点，适用广泛，能有效提高问卷设计、调查发布的效率和采集数据的质量，是传统问卷调查方式的最佳替代，但因为无法真实了解被访的对象，有时可能产生数据偏差。

4.1.3 智慧终端辅助调查方法

计算机辅助调查方法需要借助 PC 或笔记本电脑完成调查任务，随着智能手机、平板电脑等智能终端的不断推出以及 5G 无线网络的快速发展，目前计算机辅助调查方法的客户端形式正朝着便携化、无线化、智能化方向发展，使用智能终端辅助调查将是一种有效的调查方法。基于智能终端的调查方法既具有计算机辅助调查的优点，同时也提升了调查的便捷度、加快了调查的速度。

智能终端辅助调查方法可以在用户友好的环境中自动清晰地呈现问题，增加了调查设计的灵活性，如果使用软件编程辅助设计，在智慧终端中可以实现题目的多级跳转、前后题目关联设置、问题的随机抽取、图片和音视频资源的自由插入、调查数据的实时自动保存和上传、界面的可视化自由设计、调查数据的初步分析等。此外，还可以实现基于 GPS 的被调查者地理位置的自动获取等。

智能终端辅助调查方法适用场景多，可以在移动环境下进行访问，如使用 iPad 在机场对国际旅客进行访问调查等，调查更为方便、快速，答题时间更短，如果使用 5G 无线网络，数据上传更为迅速，可以及时了解调查数据的回收情况，并对数据进行分析。

4.2 关注决策过程的实验和调查方法

心理学对决策的研究主要集中在决策过程，其侧重点在于关注长期以来被经济学和统计学忽略的心理活动。决策过程可以看作一个信息加工的过程，从信息搜索到最终决策包含了个体一系列的心理活动和现象，决策过程研究正是要以这些内容为研究对象，利用各种技术方法尽可能准确地探索整个决策过程。目前，最直接、有效的办法就是利用过程追踪技术方法进行研究，以下对一些主要的方法进行论述。

4.2.1 口语报告技术

1945 年，德国心理学家 Duncker 首先用出声思维的口语分析法研究了人解决问题的过程。20 世纪 60 年代以来，Simon 和 Newell 等人从新的角度诠释了口语报告技术（Verbal Protocol），使认知心理学的研究水平大大地提高了一步。Simon 认为，虽然人们能够对大脑的活动进行记录，但却无法把大脑活动所代表的心理内容准确的翻译出来，而口语报告技术可以得到较多的心理活动信息，以此来研究决策的信息加工过程、思维策略以及他们之间的相互关系[7]。

口语报告技术要求被试在决策中报告内心的所有想法，某一时间的口语报告表明被试当时的心理活动状态或操作。研究者记录被试进行决策任务时的"出声思维"，通过将这些内容编码加工来分析被试决策的内部心理活动过程，这也称之为与决策任务同时进行的口语报告技术[8][9]。这种方法可能会影响到被试的信息加工过程，对决策任务的完成造成一定程度上的干扰，因此，也可以让被试在做出决策之后通过回忆的方法来进行口语报告，称之为在决策任务结束后的回顾口语报告技术，这种方法虽然可以避免对参与者决策过程的干扰，但是回顾口语报告又可能会遗忘一些内容。

口语报告技术可以获得决策者的决策过程信息，是决策研究中较为常用和有效的过程追踪方法，但也存在着不足，口语分析技术实际操作难度大，因为有时参与者并不能很好地报告其真正的内心思维活动，且实验者对口语报告技术获得的数据分析工作量也较大，需要具有较高的专业技术水平。

4.2.2　眼动搜索技术

眼动搜索技术（Eye Movements Method）通常用来获得决策过程中自然的信息加工过程数据，其最基本的理论假设是眼脑假设（Eye-mind Hypothesis），即眼睛获取信息和大脑加工信息是同步一致的，即使人们在转移注意力时眼睛的注视位置不一定发生变化，但在处理复杂信息时，注视点的变化和注意力的转移是耦合的[10]。因此，眼动数据可以为决策研究提供稳定可靠的信息获取方面的证据，从而研究个体的决策过程。

眼动技术先后经历了观察法、后像法、机械记录法、光学记录法、影像记录法等多种方法的演变。眼动仪的问世为心理学家探索人在各种不同条件下的视觉信息加工过程以及视觉信息与心理活动的关系，提供了新的工具。随着摄像技术、红外技术和微电子技术的飞速发展，特别是计算机技术的运用，推动了高精度眼动仪的研发，极大地促进了眼动研究在心理学及相关学科中的应用。目前的新式眼动仪具有高精度的特性，同时降低了侵入性，并且越来越小巧、轻便，对被试的影响较低，其配套软件除了自动记录眼动数据、分析数据外，还可以进行兴趣区域（Area of Interest，AOI）的自动分析，减少了使用者的工作强度。

眼动仪通过高频率地记录角膜反射为研究者提供了大量丰富的数据信息，包括注视（Fixation）、眼跳（Saccade）、平滑尾随跟踪（Smooth Pursuit）、瞳孔大小、注视点轨迹等，进而可以得到注视点数量、注视时间、眼跳数量、眼跳时间、眼跳幅度、感兴趣区域等数据，热点图和轨迹图是一种能够直观、有效地展示视觉行为特点的数据可视化形式，研究者可以通过其分析决策者的内在认知过程，通过注视点分析获取信息的数量，通过注视时间分析决策信息加工的深度，通过注视点移动轨迹分析决策者使用的决策策略等。

眼动搜索技术通过记录被试的眼睛活动来分析决策过程，也可以结合先进的记录仪器和软件来自动收集和分析数据，由于被试的眼睛活动受主观意识的控制较少，这样可以保证收集的决策过程数据的真实性和可靠性。

4.2.3　信息显示板技术

1. 信息显示板技术介绍

信息显示板技术（Information Display Boards，IDB）是在口语报告技术基础改进得到的一种方法，是一种成熟的、使用频率较高、效果较好的过程追踪技术，其依据信息加工理论对决策过程进行研究，在很多决策研究中发挥着重要的作用。

信息显示板技术以 $m \times n$ 矩阵方式呈现信息阵列，由 m 个备选方案和 n 个因素构成，矩阵的每个单元格为某个备选方案在对应属性上的值。基于信息显示板，被试可以检索和比较不同备选方案在不同属性上的信息，然后做出决策。在这一过程中，研究者可以记录被试进行信息检索和比较的一系列行为，包括信息检索的时间、次数和顺序等，并可以对这些数据进行比较分析，进而探讨被试在进行决策任务时的内部心理活动[11]。

在基于信息显示板技术的实验设计中，首先要确定决策任务的备选方案和影响因素，根据选项上的属性值的不同，可以将属性信息分为连续型变量信息和非连续型变量信息，对于连续变量可以取其实际值，如价格、时间等，而对于非连续变量则可以通过文字描述来呈现，如舒适性可以用"非常差、比较差、一般、比较好、非常好"来表示。进而，将"选项×属性"的信息矩阵呈现在信息板上，用于决策。

在关于手机的购买决策任务中，如图 4-1 所示，通过计算机呈现 3 种手机和 3 个影响因素的信息板。选项和属性的呈现顺序最好是随机排列，以减少决策者习惯性的查看信息方式（如从左向右查看）对决策过程的影响。在决策过程实验的开始阶段，所有信息单元内容均隐藏，被试可以根据需要点击查看相应的信息单元，相应的信息才会显示，而在点击查看下一个信息单元后，前一个单元的信息会隐藏，当然也可以根据实验的需求不隐藏前一个单元的信息。被试通过检索和比较各选项的属性信息，进而做出最后的选择。

实验过程中可以记录决策者点击查看信息的过程数据，包括各属性和选项的信息单元的查看次数、时间、顺序等，进而用于分析决策者的潜在认知和决策过程。

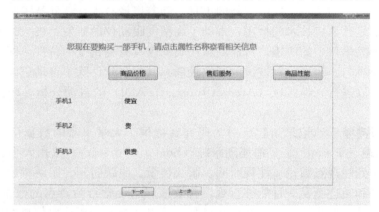

图 4-1　手机购买决策的信息矩阵示例

2. 基于信息显示板实验的数据分析

基于信息显示板实验获得的决策过程数据，通过一系列指标来分析个体决策中的信息加工过程和决策策略的使用，主要的分析内容包括：

（1）决策时间（Time of Decision）

决策时间是指决策者从开始进行信息检索到最后做出选择，完成一项决策任务所需的总时间。决策时间越长表示认知过程越复杂。如果对于同一决策任务，决策者的决策时间不同，而查看的信息量基本相同，则说明使用决策时间较少的个体采用了加速决策策略。

（2）决策的信息搜索数量和深度（Depth of Search，DS）

决策者的信息搜索数量是指其在决策过程中，从开始进行信息检索到最后做出选择所查看的信息总量，通常用所检索的信息单元数目 S_n 来表示。决策者的信息搜索深度是指决策者所查看的信息单元占信息显示板上所有信息单元总量 S_m 的比例。

$$DS = S_n/S_m \tag{4-1}$$

一般认为，查看的信息单元比例越高，表示决策者更多地采取了补偿性决策策略，反之，则更多地采用了非补偿性决策策略。

（3）决策的信息搜索模式（Pattern of Search，PS）

决策者的信息搜索模式是由 Payne 在 1976 年提出来的[12]，通过分析被试检索信息的顺序，得到两种基本的信息搜索模式，包括基于选项的信息搜索模式和基于属性的信息搜索模式，可以通过基于选项间信息查看转换次数 A_n 和属性间信息查看转换次数 A_m 来评估决策者使用的信息搜索模式，这里选项或属性间转换的含义与第 2 章介绍的基于选项和属性的跳转类型是一致的。PS 的计算公式如下：

$$PS = \frac{(A_n - A_m)}{(A_n + A_m)} \tag{4-2}$$

信息搜索模式指标（PS）的取值范围为 $-1 \sim +1$，正值表示决策者更多使用的是基于选项的信息搜索模式，$PS=1$ 表示决策者使用的是完全基于选项的信息搜索模式，而负值则表示决策者更多使用的是基于属性的信息搜索模式，$PS=-1$ 表示决策者使用的是完全基于属性的信息搜索模式。PS 越大，说明决策者使用的选项间信息搜索模式越占优势。

基于选项的信息搜索模式表示决策者主要使用的是补偿性决策策略，基于属性的信息搜索模式表示决策者主要使用的是非补偿性决策策略，如词典策略、方面消除策略等。分析决策者的信息搜索模式，能在一定程度上得到决策者倾向采取的决策策略类型。随着决策任务复杂性的提高，决策者会采取更有选择性的信息搜索模式，而时间压力的增加也会使决策者改变信息搜索模式。

（4）决策信息搜索的变异性（Variability of Search，VS）

决策信息搜索的变异性是指决策者在各选项上或各属性上检索的信息单元比例的标准差。当决策者在各选项或各属性上检索的信息单元比例相同时，信息搜索的变异值为零。信息搜索的变异值越大，说明决策者更多地采用了非补偿性的决策策略。

决策信息搜索的变异性也可以通过在各选项或各属性上信息检索查看时间比例的标准差来衡量，可以反映决策者的信息加工过程在选项或属性上分布的均匀程度。

（5）补偿性指数（Compensation Index，CI）

补偿性指数可以通过决策的信息搜索深度和信息搜索的变异性来表示，公式如下：

$$CI = DS(1 - 2VS) \tag{4-3}$$

补偿性指数越大表示决策者更多采用了补偿性决策策略，信息搜索的变异性也越小。

此外，也可以将决策的信息搜索模式和信息搜索的变异性两个指标综合起来判断决策者使用的决策策略，具体如下[9]：

1）信息搜索模式为基于选项的信息检索模式，如果信息搜索变异性值等于 0，这表示决策者使用了线性加和策略，如权重加和策略和等值加权策略；如果信息搜索变异性值大于 0，则表示使用了组合决策策略。

2）信息搜索模式为基于属性的信息检索模式，如果信息搜索变异性值等于 0，这表示决策者更多地使用了累加差异策略；如果信息搜索变异性值大于 0，则表示决策者使用了方面消除策略。

以上指标可以用来量化分析决策者在决策过程中的信息加工过程，有时也可以同时利用多个指标来进行综合分析。

3. 信息显示板技术的实施工具

信息显示板技术的实施工具有多种，具有代表性的工具包括鼠标实验室技术（Mouselab，ML）和网络版鼠标实验室技术（Mouselab WEB，MLW），在决策过程研究中得到了广泛的应用。

（1）早期的信息显示板技术

早期的信息显示板技术实验比较原始简陋。Payne 最早将这种方法运用到实验中，在研究中，呈现给被试的是一块贴满信封的木板。备选项的各属性信息写在卡片上，分别装入信封[12]。被试需要打开信封，取出卡片，才能检索查看其上的信息，阅读完毕后，再将卡片放回信封。这些动作视为一次信息获取行为。

主试对被试信息获取行为的次数、顺序、持续时间等进行人工观察和记录，再通过分析这些数据得出结论。在这种情况下，所记录的被试信息获取的时间还包含了打开信封取、放卡片的时间，显然不能真实反映决策者在信息检索加工过程中所用的时间，因此，实验数据具有较高的误差。

（2）鼠标实验室技术和网络版鼠标实验室技术

随着计算机的普及，研究者将信息显示板技术方法软件化，移植到了计算机上，使得信息显示板技术实验既能精确记录决策时间等过程指标，又变得简单可行。1991 年，Johnson 等人开发的鼠标实验室技术程序 Mouselab，被公认为信息显示板技术的标准实验程序[13]。Mouselab 最初是由 Pascal 语言编写的，在 DOS 方式下运行的程序，对系统要求很低，在配备鼠标的 IBM 兼容机上都可运行。

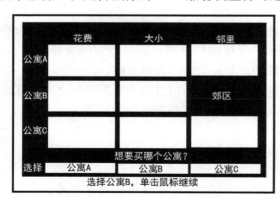

图 4-2　Mouselab 图

资料来源：Johnson E J，Payne J W，Schkade D A，Bettman J R. Monitoring Information Processing and Decisions：the Mouselab System［J］. Philadelphia：University of Penns ylvania，the Wharton School，1991.

Mouselab 是在计算机屏幕上呈现 $m \times n$ 的信息矩阵，矩阵中每个单元的信息最初都是隐藏的，被试需要移动鼠标至相应方框，点击鼠标之后，相应方框的单元信息才能显示，当鼠标点击下一个方框时，先前显示的方框信息立刻被隐藏（图 4-2）。通过计算机程序在后台记录鼠标点击信息单元的次数、点击的顺序、查看时间、检索路径、查看的信息单元等[14]。基于这些过程数据，可以分析个体从信息查看到最终做出选择的整个信息加工过程。

Mouselab 是在早期信息显示板技术上拓展的一种新的过程追踪技术，可以作为标准信息显示板技术的实验程序，操作简单，被试通过鼠标点击来完成决策任务，计算机可以记录丰富的决策过程信息，可以较为详尽地解释决策过程中的内在心理活动。经过不断的改进，Mouselab 已发展到 6.0 版本，还可以应用在博弈、投机等决策问题的信息检索、评价比较研究中。

随着新技术的快速发展，Mouselab 已经不能满足研究者对于过程追踪工具的功能的新要求，各种新的过程追踪工具被开发出来。2004 年，Willemsen 和 Johnson 开发了网络版鼠标实验室技术（Mouselab WEB），其设计思想和主要功能继承了鼠标实验室技术[15]。网络版鼠标实验室技术最大的特点是可以通过计算机网络实施实验和收集数据。因此，使用网络版鼠标实验室技术可以大大增加实验样本数量，使实验的时间和地点限制大为减少，从而提升数据获取的效率。

鼠标实验室技术和网络版鼠标实验室技术是成本低廉、易于操作的过程追踪工具。使用这些工具所得到的决策过程数据，为从过程角度研究决策行为提供了有力支持。但也存在一些不足之处，主要包括以下几个方面：

1）非自然的决策过程数据获取方法

这两种工具的信息获取过程是受控制的，信息获取过程需要被试付出额外的努力，会对被试自然的决策行为和使用的决策策略产生影响。使用这些工具会延长决策者的信息获取时间，尤其是与眼动记录的数据相比时，更能证明这一结论[16]。

2）信息呈现方式的影响

两种工具都使用信息矩阵来呈现数据，会使原本结构不良的问题结构化，而这种结构与被试决策时所用的信息结构不一定一致，从而在某种程度上易化决策问题，从而影响整个决策过程。

3）有限的信息获取方法

两种工具只能记录有关信息搜索过程的有限的数据，而无法像口语报告分析法那样记录有关信息整合的数据，也不能像眼动搜索技术那样获得详尽复杂的眼动追踪过程数据。

（3）鼠标追踪技术

由于鼠标实验室技术存在的不足，有一些研究者提出了新的过程追踪研究工具。2002年，Jasper 和 Shapiro 介绍了一种鼠标追踪技术（Mouse Trace）[17]，作为鼠标实验室技术的一个新版本，鼠标追踪技术的原理是手的运动可以实时地反映大脑内的信息加工过程。实验过程中被试移动鼠标的过程中，可以以足够快的速度对鼠标的运动轨迹取点采样，由这些点组成的鼠标运动轨迹可以实时地反映个体大脑的知觉及认知加工过程。

2010 年，Freeman 和 Ambady 开发了一个鼠标轨迹追踪软件包 Mouse Tracker[18]，这个软件程序可以跟踪被试决策过程中的鼠标运动轨迹（图 4-3）。鼠标轨迹追踪技术可

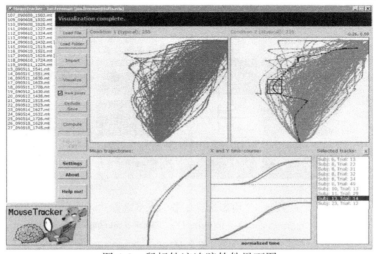

图 4-3　鼠标轨迹追踪软件界面图

资料来源：Freeman J B, Ambady N. Mouse Tracker: Software for studying real-time mental processing using a computer mouse-tracking method［J］. Behavior Research Methods，2010，42（1）：226-241.

以根据自带的工具设计不同的实验，也具有数据记录程序和分析输出数据的程序，对鼠标轨迹数据记录得非常详细，有利于分析决策过程。

4.2.4　组合的过程追踪技术

由于决策者的决策过程很难进行准确识别，因此，一些研究者探讨使用定量和定性相结合的过程追踪方法来进行决策研究。如 Payne 使用了信息显示板技术和口语报告技术相结合的方法，通过信息显示板技术进行实验设计，参与者在获取信息和做出决策的过程中进行"大声思考"[12]。Newell 和 Simon 的研究中，在口语报告技术的实验设计中加入眼动注视数据的获取，有助于识别决策者使用的决策策略[19]。

1. 决策移窗技术

随着信息科学技术的发展，尤其是眼动技术以及计算机和网络化技术的发展与应用，在过去的决策过程研究基础上，2011 年，Franco-Watkins 和 Johnson 融合鼠标实验室技术和眼动搜索技术两种工具，提出了决策移窗技术（Decision Moving Window，DMW），其是一种新的更好的理解决策过程的分析方法[20]。

决策移窗技术在信息呈现方式上使用鼠标实验室技术方法，在信息获取方式和实验过程中的数据收集方面，使用眼动搜索技术方法，基于眼球运动追踪获取决策者的决策过程信息。实验者首先在计算机屏幕上呈现 $m \times n$ 的信息矩阵，单元格信息处于隐藏状态，被试不是通过鼠标点击来获取信息，而是通过眼睛注视来呈现和查看单元格信息。当被试需要获取某条信息时，需要持续注视对应的单元格，此时，眼动仪会捕捉到注视点，进而呈现隐藏在该单元格下的信息。当被试不再注视该单元格时，信息会重新隐藏。

图 4-4 所示为电影选择的示例，电影为 A、B 和 C，属性包括明星、预算、评价和原创性，"＋"单元格为经过注视后呈现的信息，在实验进行过程中，眼动仪持续记录被试的眼动变化，包括注视点、眼跳、注视轨迹、瞳孔大小等。每个信息单元及选项和属性的标签均可以作为兴趣区（AOI），当决策者注视这些信息时，通过眼动仪收集眼球运动信息，从而可以获得每个 AOI 相关的所有眼动跟踪数据，用于决策过程分析。

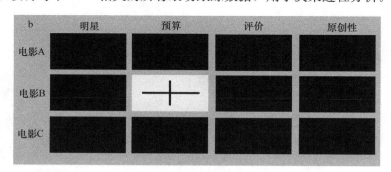

图 4-4　电影选择任务信息呈现方式

资料来源：Franco-Watkins A M, Johnson J G. Decision moving window: Using interactive eye tracking to examine decision processes [J]. Behavior Research Methods, 2011，43（3）：853-863.

根据决策移窗技术获得的丰富的数据，需要采用合适的方法对被试的信息加工过程进行分析，Franco-Watkins 和 Johnson 提出了转移矩阵（Transition Matrix）分析方法[21]，即不考虑注视点的变化方向，只计算被试的注视在任意兴趣区之间的变化次数，并以百分比形式呈现为 $m \times n$ 的对角矩阵，进而可以分析决策者的信息获取策略，研究者可以直观地根据矩阵考察被试常用的信息搜索策略，同时也可以采用基于信息显示板实验的数据分析方法和相关指标进行决策过程的分析。

决策移窗技术具备了鼠标实验室技术和眼动搜索技术两种技术的优势，能够收集到更大量的、与认知活动过程密切相关的数据，丰富的数据可以用来模拟和分析决策者注意力转换过程以及决策者与信息的交互过程，具有一些技术优点，主要包括：决策移窗技术可以减少实验室技术中移动、点击鼠标获取信息过程中相关的成本，减少了点击鼠标打开信息单元环节对信息获取过程的影响，可以让被试自然地去完成决策任务，可以获得大量的眼动追踪数据，能够反映决策者和信息的自然的交互过程，决策过程数据更加真实有效[10]。

2. 交互式过程追踪技术

2008 年，Reisen 等人提出了主动交互过程追踪技术（Interactive Process Tracing，IAPT），该技术综合了口语报告技术、眼动搜索技术和鼠标实验室技术[8]。

交互式过程追踪技术主要是通过与被试的交互来分析决策过程，实验主要包括三个阶段：选项属性筛选阶段、信息获取和决策阶段、决策策略识别阶段。在实验中，当选项属性信息较多时，被试者首先需要选择他们认为重要的属性因素，然后使用鼠标实验室技术进行实验设计，进而采用眼动搜索技术获取眼动跟踪过程数据，以得到决策者可靠和完整的决策过程信息。最后，使用口语报告技术对被试使用的决策策略进行访谈。

阶段 1：选项属性筛选阶段

首先让被试陈述他们认为重要的和感兴趣的属性，将这些属性放入计算机程序中，然后被试对这些属性进行重要性排序，接下来，被试认为重要的属性将呈现在信息显示板界面的上方位置，次重要的属性呈现在信息板界面的下方。

阶段 2：信息获取和决策阶段

这一阶段首先呈现"选项×属性"的信息矩阵，类似鼠标实验室技术方法。开始时，信息矩阵的单元信息处于隐藏状态，使用眼动搜索技术获得决策者的信息搜索加工过程数据，通过注视来显示查看的单元格信息，当注视点转移后，查看的单元格信息可以隐藏，也可以一直呈现，不再覆盖。个体信息搜索过程如图 4-5 所示。实验过程中不限制被试信息查看的顺序和时间，被试可以在任何时间做出选择。

阶段 3：决策策略识别阶段

被试和实验者紧密互动，使用口语报告技术，以获取被试使用的决策策略的准确描述。例如，当被试要删除太贵的选项时，实验者要询问被试在进行选项筛选时的属性心理决策阈值，并可以判断决策者使用了非补偿性决策策略删除了一些选项。如果要考虑主观因素对决策的影响，实验者可以让被试给一些主观因素赋值并给出权重。如果被试查看了备选项的所有属性信息，进行了比选做出了决策，则认为其使用了补偿性的决策策略。

4.2.5 决策过程实验和调查方法的比较

决策过程实验和调查方法中所论述的过程追踪技术在过去的几十年中不断发展和改

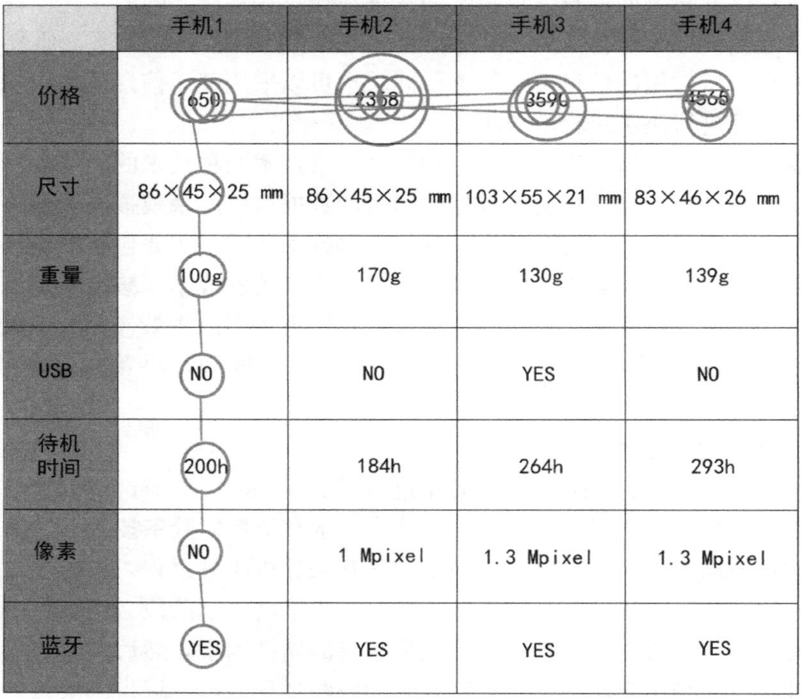

	手机1	手机2	手机3	手机4
价格	650	2358	3590	4565
尺寸	86×45×25 mm	86×45×25 mm	103×55×21 mm	83×46×26 mm
重量	100g	170g	130g	139g
USB	NO	NO	YES	NO
待机时间	200h	184h	264h	293h
像素	NO	1 Mpixel	1.3 Mpixel	1.3 Mpixel
蓝牙	YES	YES	YES	YES

图 4-5　个体信息搜索过程示意图（圆圈大小代表注视的时间长短）

资料来源：Reisen N, Hoffrage U, Mast F W. Identifying decision strategies in a consumer choice situation［J］. Judgment and Decision Making，2008，3（8）：641-658.

进，各种方法都具有不同的特点，在某些方面具有优点，在其他方面也存在不足，以下进行主要方法的对比分析。表 4-2 显示了几种主要的过程追踪实验和调查方法的特点[1]。

几种过程追踪方法的特点　　　　　　　　　　　　表 4-2

方法	可用性	实验场地	参与者数量	优点	缺点
口语报告技术	免费	实验室	单个	获得大量决策者的决策过程信息	实际操作难度大，数据分析工作量也较大；与决策任务同时进行的口语报告会干扰决策过程，而回顾口语报告技术会遗忘某些内容
眼动搜索技术	商业	实验室	单个	收集大量丰富而详细的自然决策过程信息	外部决策环境对实验数据收集会产生一定的影响；数据量庞大，需要大量的处理和分析工作；设备成本较高
鼠标实验室技术（网络版）	免费	实验室/网络	单个或多个	可以对实验进行控制；支持联网进行数据收集，可快速收集大量数据；成本低廉	信息结构化较强，与被试的心理决策结构不一定一致；研究者的干预较多，决策过程受到一定的干扰
鼠标追踪技术	免费	实验室	多个		

方法	可用性	实验场地	参与者数量	优点	缺点
决策移窗技术	免费+商业	实验室	单个	被试受到的影响小，提高了决策过程数据的真实性；获得的数据量大且稳定	数据量庞大，需要大量的处理和分析工作；信息结构化呈现方式对决策过程产生一定的影响

可以从可用性、实验场地、参与者数量和灵活性几个方面来分析各种过程追踪技术方法及其优缺点。可用性是指这些工具是免费使用，还是需要从商业渠道购买；实验场地是指数据是在实验室内还是通过网络等其他途径收集；参与者数量是指是否允许多个参与者同时参与实验；灵活性是指是否需要预先对决策任务进行建构，如鼠标实验室技术需要设计信息检索界面，而口语报告技术则几乎不需要对决策任务进行建构。

从表4-2可以看出，口语报告技术可以获得决策者的决策过程信息，尤其是回顾口语报告技术可以在对被试决策过程不进行干扰的情况下开展实验，口语报告技术存在实际操作难度大，数据分析工作量较大且耗费的时间长等不足，回顾口语报告技术有时会遗忘某些内容，从而使得决策过程数据不可靠。眼动搜索技术可以获得大量的自然的决策过程数据，灵活性高，但需要具备眼动仪等相关软硬件设备才能进行实验，数据分析的工作量也较大。鼠标实验室技术使用比较方便，且网络版鼠标实验室技术可以同时收集多个人的数据，也能获得大量的决策过程数据，但是由于其结构化的实验设计，使得其与被试的心理决策结构不一定一致，使得获得的决策过程数据存在误差。口语报告技术是偏定性的过程追踪技术方法，而其他方法是偏定量的过程追踪技术方法。决策移窗技术是融合了鼠标实验室技术和眼动搜索技术两种工具的优点，可以获得大量自然而稳定的决策过程数据，但也存在两种工具的不足。

基于决策过程实验和调查方法获得的数据，可以对决策过程进行详尽的分析，可以采用一定过程指标，包括决策的信息搜索模式、决策的信息搜索数量和深度、决策时间、决策信息搜索的变异性、补偿性指数等进行分析。有时还可以综合利用多个指标，深入分析决策者的信息搜索模式、决策策略的使用等内容。

4.3 小结

本章主要对决策行为实验和调查方法进行了概述，包括关注决策结果的实验和调查方法以及关注决策过程的实验和调查方法。每种方法都有不同的特点，且具有一定优缺点，具有一定的适用范围。

关注决策结果的实验和调查方法主要有行为调查法和意向调查法，同时借助先进的技术设备，如计算机、移动终端等，也可以得到改进的行为调查法，可以大大提高调查效率。获得的数据可以分析决策影响因素与决策结果之间的关系，并进行预测。

关注决策过程的实验和调查方法主要有口语报告技术、眼动搜索技术、信息显示板技术，也有将几种方法进行组合应用的技术方法，包括决策移窗技术和交互式过程追踪技术，能够结合不同过程追踪技术方法的优点，从而获得大量更可靠的决策过程数据，通过一定的数据分析方法进行决策过程分析。

本章参考文献

[1] Schulte-Mecklenbeck M，Kühberger A，Ranyard R. The role of process data in the development and testing of process models of judgment and decision making[J]. Judgment and Decision Making，2011，6(8)：733-739.

[2] 关宏志. 非集计模型：交通行为分析的工具[M]. 北京：人民交通出版社，2004.

[3] 蒙银平. 基于 RP/SP 调查的交通事件环境下出行行为分析[D]. 成都：西南交通大学，2012.

[4] 任莉颖. 计算机辅助面访跟踪调查的数据特征与应用[J]. 中国统计，2012(2)：51-53.

[5] 孙玉环，孙佳星，陈爽. CAI 模式下并行数据的种类及应用[J]. 调研世界，2018(3)：52-57.

[6] 李力，丁华，任莉颖，等. 浅谈计算机辅助调查中采访用时数据的利用[J]. 中国统计，2012(9)：45-46.

[7] 郑燕. 网络购物决策的认知信息加工过程研究[D]. 苏州：苏州大学，2009.

[8] Reisen N，Hoffrage U，Mast F W. Identifying decision strategies in a consumer choice situation[J]. Judgment and Decision Making，2008，3(8)：641-658.

[9] 宋建秀. 任务类型与时间压力对决策过程的影响研究[D]. 石家庄：河北师范大学，2011.

[10] 余雯，闫巩固，黄志华. 决策中的过程追踪技术：介绍与展望[J]. 心理科学进展，2013，21(4)：606-614.

[11] 米雅婷. 预期后悔和卷入程度对购买决策中信息加工的影响研究[D]. 武汉：华中师范大学，2009.

[12] Payne J W. Task complexity and contingent processing in decision making：An information search and protocolanalysis[J]. Organizational Behavior & Human Performance，1976，16(2)：366-387.

[13] Johnson E J，Payne J W，Schkade D A，Bettman J R. Monitoring Information Processing and Decisions：The Mouselab System[J]. Philadelphia：University of Pennsylvania，the Wharton School，1991.

[14] 丁夏齐，马谋超，王詠，等. 信息显示板(IDB)实验在消费行为研究中的应用[J]. 心理科学进展，2004(3)：440-446.

[15] 袁明，李晓明. 决策过程追踪工具：Mouselab 与 MouselabWEB[J]. 社会心理科学，2011(11)：77-82.

[16] Lohse G L，Johnson E J. A comparison of two process tracing methods for choice tasks[J]. Organizational Behavior and Human Decision Processes，1996，68(1)：28-43.

[17]　Jasper J D, Shapiro J. MouseTrace: A better mousetrap for catching decision processes[J]. Behavior Research Methods, Instruments, & Computers, 2002, 34 (3): 364-374.

[18]　Freeman J B, Ambady N. MouseTracker: Software for studying real-time mental processing using a computer mouse-tracking method[J]. Behavior Research Methods, 2010, 42(1): 226-241.

[19]　Newell A, Simon H A. Human problemsolving[M]. Prentice-Hall Englewood Cliffs, NJ, 1972.

[20]　Franco-Watkins A M, Johnson J G. Decision moving window: Using interactive eye tracking to examine decisionprocesses[J]. Behavior Research Methods, 2011, 43(3): 853-863.

[21]　Franco-Watkins A M, Johnson J G. Applying the decision moving window to risky choice: Comparison of eye-tracking andmousetracing methods[J]. Judgment and Decision Making, 2011, 6(8): 740-749.

第二篇

出行决策行为研究

第5章 基于效用理论的出行方式转换行为研究

由于城市化进程的加快,交通拥堵已经从大城市蔓延到中小城市,严重影响了城市的发展。优先发展公共交通,提升公共交通的出行比例是国际许多城市解决交通问题的有效途径,一些交通政策,如提高停车收费价格和燃油费,也可以使得小汽车出行者转向公共交通出行,促进出行方式的转换,提高公共交通出行比例。济南是中国的一个中等城市,2011 年,济南市居民人数为 606 万人,公交分担率(不含步行)为 29.69%,远低于伦敦、东京等国际城市的 60%~80% 的分担率水平。因此,如何提高公共交通的竞争力,吸引市民尤其是小汽车出行者乘坐公交出行,是缓解交通拥堵、建设以公共交通为主导的城市综合交通体系的必然要求。

目前,出行行为的相关研究主要对影响出行方式选择行为的影响因素进行了分析,但是对于不同类型的小汽车出行者,具有不同的差异性,对于抑制小汽车出行和公交提升政策的态度和敏感程度也不同,因此,政策的制定应该考虑出行者的异质性,这样才能取得良好的效果。

本章根据在山东省济南市进行的大规模小汽车出行者的公交转移意向调查,利用随机效用理论模型,包括多项 Logit 模型、混合 Logit 模型、潜在分类模型对调查数据进行了建模,进而对减少小汽车出行及向公交转移的行为特性和影响因素进行了分析,同时,对比了各个模型的差异性,使用潜在分类模型对出行群体进行了分类和行为特征提取,提出了针对不同出行群体的政策建议。

5.1 出行方式转换行为调查和数据分析

5.1.1 出行行为和意向调查

为了分析小汽车出行群体的出行方式转换选择行为,采用行为调查(RP 调查)和意向调查(SP 调查)相结合的方法,通过设计调查问卷,获得小汽车出行者的出行行为和在不同假设情景下的出行意向数据,调查的主要内容包括:

(1)个人社会经济属性信息:性别、年龄、职业、家庭月总收入、家庭人口数、驾龄、小汽车拥有数量等。

(2)出行行为及意愿调查:包括日常通勤出行时间、出行距离、工作地停车位供给及停车收费情况,以及根据交通拥堵、环境污染和噪声情况减少小汽车出行的意愿、对早晚高峰道路拥堵程度的评价等。

(3)出行方式转换意向调查

通过对出行者选择交通工具时关注因素的预调查,获得了出行者在日常方式选择中主要的影响因素。根据预调查结果,选择停车费、燃油费和公交服务水平作为影响小汽车出行者向公交转换的三个重要因素。其中,停车费设置为三个变化水平:2 元/小时(现

价）、5 元/小时、10 元/小时。燃油费设置为 3 个变化水平：7 元/升（现价）、10 元/升、
12 元/升。公交服务水平设置为两个水平：不变（当前水平）和提升（增加发车频率、提
升准点率、提高速度等）。这里采用正交设计的方法，将主要影响因素的各个水平进行组
合设计，得到最适合的出行方式选择意向调查的因素水平组合方案，如表 5-1 所示。向每
个参与者呈现 10 个组合方案选择情景，询问其在假定的交通条件下的方式选择意向，可
供选择的出行方式包括小汽车、公交和其他方式（电动自行车、自行车、步行等）。

出行方式选择意向组合设计方案　　　　　　　　表 5-1

停车费 （元/小时）	燃油费 （元/升）	在以下的交通情况下，您采用的交通方式为		可选的出行方式
		公交服务水平不变	公交服务水平提高	
2	10			①小汽车；②公交；③其他（电动车、自行车、步行等）
5	7			
5	12			
10	10			
10	12			

　　通过在济南市进行的家访调查，调查过程中在不同区域抽取一定数量的样本，以保证
调查样本的代表性，调查对象为拥有并使用小汽车出行的居民。调查时间为 2012 年 6 月
16 日～24 日。调查共回收调查样本 1079 份，其中有效样本 1001 份。

5.1.2　调查数据初步分析

　　表 5-2 显示了调查样本的个人和出行行为信息。样本的性别分布相对平均，男性占
55.9%，女性占 44.1%。调查对象的年龄在 36 岁以上的占 44.6%，其次是 26～35 岁之
间的占 43.3%。家庭月收入在 3000～5999 元之间的占 41.2%，2999 元以下的占 34.6%。
38.0% 的受访者上下班时间超过 30 分钟，其次是 32.2% 的受访者上下班时间在 16～30
分钟之间。81.3% 的受访者会考虑潜在的交通拥堵、环境污染和噪声等因素来减少小汽车
的使用。

个人基本信息和出行特征统计　　　　　　　　表 5-2

因素	选项设置	赋值	百分比（%）
性别	男	0	55.9
	女	1	44.1
年龄	18～25 岁		12.1
	26～35 岁	连续变量	43.3
	＞36 岁		44.6
月家庭收入	＜2999 元		34.6
	3000～5999 元	连续变量	41.2
	＞6000 元		24.2
小汽车拥有数量	—	连续变量	—
驾龄	—	连续变量	—

续表

因素	选项设置	赋值	百分比（%）
通勤出行时间	<15 分钟	连续变量	29.8
	16～30 分钟		32.2
	>30 分钟		38.0
减少小汽车出行的意愿	是	0	81.3
	否	1	18.7

表5-3 显示了个人职业和当前工作地附近停车泊位供给情况的统计结果，这两个因素需要作为分类变量进行设置，因此，单独列出。在职业分布中，63.7%的被访者为学生、农林牧副业和无业人员等。对于工作地附近的停车位供给情况，51.2%的受访者在工作地拥有固定停车位，36.7%的受访者没有固定车位，但比较容易找到空车位停车。

分类变量设置和统计分布　　　　　　　　表 5-3

因素	分类设置		哑元变量		比例（%）
职业	职业 1	科研单位及企事业单位人员	1	0	8.4
	职业 2	自由职业者	0	1	27.9
	职业 3	学生、农林牧副业、无业人员及其他	0	0	63.7
工作地附近停车位供给情况	停车位供给 1	有固定车位	1	0	51.2
	停车位供给 2	无固定车位，容易停放	0	1	36.7
	停车位供给 3	无固定车位，停车位紧张	0	0	12.1

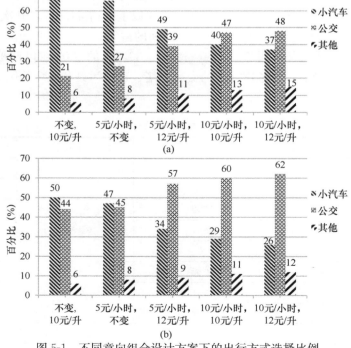

图 5-1　不同意向组合设计方案下的出行方式选择比例

（a）公交服务水平不变；（b）公交服务水平提高

　　根据调查数据，图 5-1 为不同意向组合设计方案下的出行方式选择比例分布，从图 5-1 中可以看出，随着停车费和燃油费的升高，小汽车出行者中，仍然选择小汽车出行的比例逐渐减少，转移到公交出行的比例逐渐增加。当公交服务水平不变时，在停车费为 5 元/小时和燃油费为 12 元/升时，小汽车出行者中转向公交出行比例达到 39%，随着停车费和燃油费的继续提高，转移比例会继续增加，但增幅减少，当停车费为 10 元/小时和燃油费为 12 元/升时，小汽车出行者中转向公交出行比例达到 48%。当公交服务水平提升后，在停车费 5 元/小时和燃油费为 12 元/升时，小汽车出行者中转向公交出行比例为 57%，比公交服务水平不变时提高了 18%，随着停车费和燃油费的继续提高，转移比例也会继续增加，但增幅减少，当停车费为 10 元/小时和燃油费为 12 元/升时，小汽车出行者中转向公交出行比例达到 62%。这说明，停车费为 5 元/小时和燃油费为 12 元/升是出行方式转移的转折点。而且，当公交服务水平提升后，小汽车出行者向公交转移的比例明显增加，增幅在 14%～22% 之间，这说明，提升公交服务水平将会吸引更多的小汽车出行者转向公交出行，从而增加公交出行的比例。

5.2　小汽车出行者出行方式转换行为模型

　　为了比较不同的效用理论模型在解释方式选择行为方面的差异性，采用多项 Logit 模型、混合 Logit 模型和潜在分类模型来分析小汽车出行者的公交出行方式转换行为。利用 Nlogit 5.0 软件对这些模型进行标定。

　　利用相关性分析初步进行影响因素的筛选，主要因素包括停车费、燃油费、公交服务水平、通勤出行时间、工作地附近停车位供给情况以及对因交通拥堵、环境污染和噪声而减少小汽车出行的意愿，还有年龄、性别、职业、家庭月收入、小汽车拥有数量、驾龄等个人因素。选项包括小汽车、公交、其他方式，其他方式作为参考选项。

5.2.1　模型的标定和对比分析

　　表 5-4 为小汽车出行者出行方式选择的多项 Logit 模型标定的结果，一般来说，如果离散选择模型的 McFadden Pseudo R-squared 在 0.2～0.4 之间，则表明模型的精度相对较高，对数据的拟合情况较好。表 5-4 中多项 Logti 模型的 R-squared 值为 0.2183，表明该模型的精度较高。

多项 Logit 模型（MNL）标定结果　　　　　　　　表 5-4

选项	变量	系数	T 检验
小汽车	常数项	3.21	10.11***
	燃油费	−0.18	−6.43***
	停车费	−0.14	−10.06***
	小汽车拥有数量	0.48	4.75***
	驾龄	0.07	2.66***
	通勤出行时间	−0.14	−2.87***
	工作地附近停车位供给 1	0.32	2.50**

选项	变量	系数	T 检验
小汽车	工作地附近停车位供给 2	−0.16	−1.19
	减少小汽车出行的意愿	0.59	5.60＊＊＊
	月家庭收入	0.04	0.69
	性别	−0.19	−2.28＊＊
公交	常数项	0.69	5.45＊＊＊
	公交服务水平	0.77	9.57＊＊＊
	年龄	0.12	1.93＊
	职业 1	0.43	2.87＊＊＊
	职业 2	0.09	1.01
对数似然值		−2420.0	
McFadden Pseudo R-squared		0.2183	
Inf. Cr. AIC		4875.0	

备注：＊＊＊、＊＊、＊分别表示在 99％、95％、90％的置信水平上重要。

多项 Logit 模型的影响因素的显著性 T 检验表明，除了工作地附近停车位供给 2、职业 2 和家庭月收入外，其他影响因素对小汽车出行者的出行方式转换行为都有重要的影响。

对于仍然选择小汽车出行的效用函数，显著影响的因素为燃油费、停车费、小汽车拥有数量、驾龄、通勤出行时间、工作地附近的停车位供给情况、因交通拥堵、环境污染和噪音而减少小汽车出行的意愿和性别。小汽车拥有数量、驾龄、减少小汽车出行的意愿、工作地附近停车位供给 1 变量对出行方式选择的影响为显著正相关，而燃油费、停车费、通勤出行时间、工作地附近停车位供给 2、性别因素对出行方式选择的影响为显著负相关，且燃油费、停车费的影响程度最大，系数分别为 −0.18、−0.14，T 检验值为 −6.43、−10.06，是关键的影响因素。这表明，如果小汽车出行者拥有更多的小汽车、驾龄越长、工作地附近有固定车位和不愿意因为交通拥堵、环境污染和噪声等减少使用小汽车出行，更可能继续选择小汽车出行，而增加燃油费、停车费则会减少小汽车出行者继续使用小汽车出行的比例。

对于转向公交选择的效用函数中，年龄、公交服务水平和职业变量均具有显著的正影响，这说明，如果小汽车出行者年龄越大、在科研单位和企事业单位工作，更倾向于转向公交出行。公交服务水平具有最显著的正向的影响，系数为 +0.77，T 检验值为 +9.57，说明提高公交服务水平可以显著提高小汽车出行者向公交转移的比例。

综上，在出行方式选择多项 Logit 模型中，燃油费、停车费和公交服务水平对出行方式选择具有显著的负影响，说明提高停车费和燃油费、提高公交服务水平会使得更多的小汽车出行者放弃使用小汽车出行，而转向选择公交出行。

表 5-5 为小汽车出行者多方式选择的混合 Logit 模型的估计结果，其中，停车费和燃油费系数定义为随机参数，并在混合 Logit 模型中服从辛普森分布或三角形分布。与多项 Logit 模型相比，混合 Logit 模型的精度有所提高，McFadden Pseudo R-squared

为 0.2186。

对于仍然选择小汽车出行的效用函数，显著影响的因素为燃油费、停车费、小汽车拥有数量、驾龄、通勤出行时间、工作地附近的停车位供给情况和因交通拥堵、环境污染和噪声而减少小汽车出行的意愿和性别。从模型标定的燃油费和停车费系数的均值和方差看，这两个影响因素对小汽车出行者的方式选择有着最显著的负向影响，燃油费系数的均值和标准差分别为-0.19、0.09，停车费系数的均值和标准差分为-0.15、0.21，说明，增加燃油费、停车费则会减少小汽车出行者继续使用小汽车出行的比例，且小汽车出行者的出行方式选择行为存在个体异质性。

对于转向公交选择的效用函数中，公交服务水平、年龄和职业变量均具有显著的正向影响，其中，公交服务水平的影响程度最为显著，系数为$+0.82$，T检验值为$+8.83$。这说明，提高公交服务水平可以显著提高小汽车出行者向公交的转移比例。其他因素的影响关系与多项 Logit 模型相似。

混合 Logit 模型（ML）标定结果　　　　　　　　　　表 5-5

选项	变量	系数	T 检验
小汽车	常数项	3.34	9.33***
	燃油费_均值	−0.19	−6.02***
	燃油费_标准差	0.09	1.27
	停车费_均值	−0.15	−7.20***
	停车费_标准差	0.21	1.94*
	小汽车拥有数量	0.53	4.51***
	驾龄	0.07	2.67***
	通勤出行时间	−0.16	−2.82***
	工作地附近停车位供给1	0.36	2.49**
	工作地附近停车位供给2	−0.17	−1.15
	减少小汽车出行的意愿	0.64	5.25***
	月家庭收入	0.04	0.74
	性别	−0.22	−2.30**
公交	常数项	0.61	4.25***
	公交服务水平	0.82	8.83***
	年龄	0.13	1.97**
	职业1	0.45	2.83***
	职业2	0.10	0.99
对数似然值		−2419.3	
McFadden Pseudo R-squared		0.2186	
Inf. Cr. AIC		4874.5	

备注：***、**、*分别表示在99%、95%、90%的置信水平上重要。

为了探索小汽车出行者的方式选择偏好和个体异质性，使用潜在分类模型（LCM）对小汽车出行者的方式转换选择行为进行了估计，根据模型拟合优度指标比较，选取三个潜在类作为最合适的分类数，得到的模型结果如表 5-6 所示。

对数似然值、R-squared 和 AIC 是效用理论模型的三个重要的评价指标，表 5-7 给出了多项 Logit 模型、混合 Logit 模型和潜在分类模型的评价指标的对比结果，可以看出，多项 Logit 模型和混合 Logit 模型在三个评价指标上相差不大，而潜在类模型具有最高的 R-squared、对数似然值和最低的 AIC，其值分别为 0.2328、−2375.3、4850.6，模型拟合效果最好。因此，潜在分类模型更适合于分析小汽车出行者的出行方式转换选择行为。

潜在分类模型（LCM）标定结果 表 5-6

选项	变量	分类 1		分类 2		分类 3	
		系数	T 检验	系数	T 检验	系数	T 检验
小汽车	常数项	7.90	1.39	3.53	2.17**	2.12	1.50
	燃油费	0.17	0.81	−0.10	−0.73	−0.61	−3.74***
	停车费	−0.41	−2.67***	−0.09	−1.29	−0.29	−3.65***
	小汽车拥有数量	0.56	0.84	−0.32	−0.74	2.22	3.29***
	驾龄	−0.61	−2.15**	−0.22	−1.37	0.77	4.25***
	通勤出行时间	−1.70	−2.65***	−0.08	−0.33	0.35	1.48
	工作地附近停车位供给 1	2.16	1.68*	2.01	2.69***	−0.94	−1.58
	工作地附近停车位供给 2	2.46	1.77*	0.53	0.88	−1.76	−2.66***
	减少小汽车出行的意愿	−0.89	−1.10	−0.30	−0.57	2.48	3.80***
	月家庭收入	0.43	1.16	0.62	2.07**	−0.27	−1.13
	性别	−2.95	−2.59***	−1.45	−2.41**	1.92	3.38***
公交	常数项	4.79	0.97	0.05	0.06	−0.92	−1.99**
	公交服务水平	3.06	2.84***	1.11	1.36	0.80	2.86***
	年龄	−0.33	−0.75	−0.68	−1.33	0.71	3.07***
	职业 1	−0.34	−0.29	1.86	1.64	0.09	0.18
	职业 2	1.10	1.46	−2.06	−0.94	0.48	1.32
对数似然值		−2375.3					
McFadden Pseudo R-squared		0.2328					
Inf. Cr. AIC		4850.6					
平均分类概率		0.277		0.269		0.454	

备注：***、**、*分别表示在 99%、95%、90%的置信水平上重要。

三个模型的评估指标对比 表 5-7

模型	Pseudo R-squared	对数似然值	AIC
多项 Logit 模型（MNL）	0.2183	−2420.0	4875.0
混合 Logit 模型（ML）	0.2186	−2419.3	4874.5
潜在分类模型（LCM）	0.2328	−2375.3	4850.6

根据三个潜在分类的标定结果可以看出，不同分类的因素的影响显著性不同，因而，对出行方式选择的关键影响因素也不同。燃油费、小汽车拥有数量、通勤出行时间、驾

龄、年龄等变量对出行方式选择的正负影响关系在不同类别中会发生变化。表 5-8 总结了三个分类中影响小汽车出行者方式转化的主要因素和行为特征，并提出了相应的交通政策建议。

从表 5-6 和表 5-8 可以看出，第一类中的小汽车出行者约占样本总体的 27.7％。他们对停车费和公交服务水平因素更为敏感。随着公交服务水平和停车费的提高，驾龄较长、通勤出行时间越长的女性小汽车出行者更倾向于转向选择公交出行。第二类中的小汽车出行者约占样本总体的 26.9％。这类群体对停车费、燃油费和公交服务水平不敏感，只有工作地附近的停车位供给情况、家庭月收入和性别因素对出行方式选择有重要影响。所以，对于第二类群体，工作地附近没有固定车位、家庭月收入低的女性小汽车出行者更容易转向选择公交出行。第三类中的小汽车出行者约占样本总体的 45.4％。他们对燃油费、停车费和公交服务水平更为敏感。提高公交服务水平、燃油费和停车费，将有助于提高这类群体的公交出行选择比例。驾龄越短、拥有小汽车数量越少、工作地附近没有固定车位、因为交通拥堵、环境污染和噪声等减少小汽车出行的意愿更强烈、男性小汽车出行者更倾向于转向选择公交出行，这类群体是制定和实施交通引导政策的主要目标群体。

各分类出行选择行为特征和政策建议

表 5-8

类别	影响重要的因素	特征描述	政策建议
分类 1	停车费 公交服务水平 驾龄 通勤出行时间 性别	对停车费和公交服务水平敏感； 驾龄较长、通勤出行时间较长的女性小汽车出行者更愿意转向选择公交出行	提升公交服务水平和提高停车费
分类 2	工作地附近停车位供给情况 家庭月收入 性别	工作地附近没有固定车位、家庭月收入低、女性小汽车出行者更容易转向选择公交出行	—
分类 3	燃油费 停车费 公交服务水平 小汽车拥有数量 驾龄 工作地附近停车位供给情况 减少小汽车出行的意愿 性别 年龄	对燃油成本、停车费和公交服务水平更为敏感； 驾龄越短、拥有小汽车数量越少、工作地附近没有固定车位、更愿意减少小汽车出行的男性小汽车出行者更倾向于转向选择公交出行	提升公交服务水平，提高燃油费和停车费

5.2.2　模型的敏感性分析

基于建立的潜在分类模型，来分析关键影响因素对小汽车出行者的方式转换行为的影响敏感性。图 5-2、图 5-3 和图 5-4 显示了在不同公交服务水平下，各类小汽车出行者转向公交出行比例随停车费和燃油费变化的趋势图。其中，停车费变化区间在 2 元/小时～20 元/小时之间。燃油费变化区间在 6 元/升～14 元/升之间。

图 5-2 显示了分类 1 的小汽车出行者群体在停车费和燃油费变化下，向公交出行转移

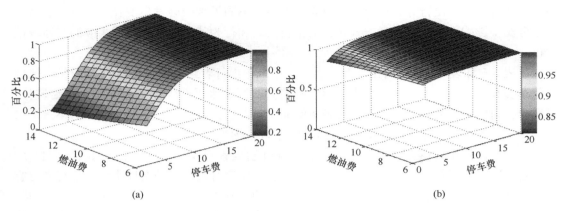

图 5-2　分类 1 的小汽车出行者转向公交出行比例变化图
（a）公交服务水平不变；（b）公交服务水平提高

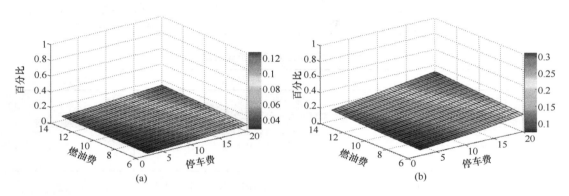

图 5-3　分类 2 的小汽车出行者转向公交出行比例变化图
（a）公交服务水平不变；（b）公交服务水平提高

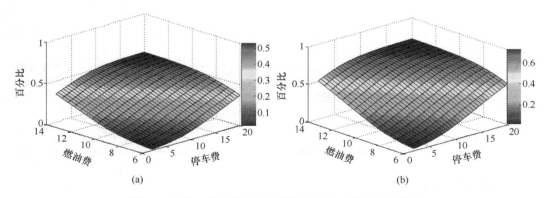

图 5-4　分类 3 的小汽车出行者转向公交出行比例变化图
（a）公交服务水平不变；（b）公交服务水平提高

比例的变化趋势。从图 5-2 中可以看出，在公交服务水平不变的情况下，分类 1 中的小汽车出行者，对停车费更为敏感，对燃油成本不敏感。当停车费由 2 元/小时变化到 10 元/小时时，转向公交出行选择的比例增加较快。而且，在此变化区间，公交服务水平的任何提升变化都可以大幅度提高公交出行比例，公交出行选择比例接近 100%。提升公交服务水平和提高停车费是吸引这类小汽车出行者转向公交出行的最佳策略。

图 5-3 显示了分类 2 的小汽车出行者群体在停车费和燃油费变化下，向公交出行转移比例的变化趋势。从图 5-3 中可以看出，在公交服务水平不变的情况下，小汽车出行者转向公交出行选择比例分布与公交服务水平提高的情况比较相似。在不同的公交服务水平下，转向公交出行选择比例相对较低，且变化较小，这说明，第二类小汽车出行群体具有更低的向公交转移的偏好，且相关政策的实施对这类小汽车出行者的影响不大，效果也不明显。

图 5-4 显示了分类 3 的小汽车出行者群体在停车费和燃油费变化下，向公交出行转移比例的变化趋势。从图 5-4 中可以看出，随着停车费和燃油成本的增加，分类 3 中的小汽车出行者转向选择公交出行的比例逐渐增加。当提升公交服务水平时，分类 3 中小汽车出行者转向选择公交出行的比例增加更为显著。当停车费低于 10 元/小时、燃油费低于 10 元/升时，在公交服务水平提高情况下，小汽车出行者转向选择公交的平均比例比公交服务水平不变时高出 10%左右。当停车费大于 10 元/小时、燃油费大于 10 元/升时，在公交服务水平提高时，小汽车出行者转向选择公交的平均比例比公交服务水平不变时高出 18%左右。这表明，分类 3 中的小汽车出行群体对公交服务水平、停车费和燃油费较为敏感。

上述分析表明，潜在分类模型能够解释小汽车出行者的个体异质性和偏好差异性，潜在分类模型适合于出行需求分类分析，并依此制定有效的交通调节政策。

5.3 小结

促进小汽车出行者的出行方式转换是缓解城市交通拥堵的有效途径。为了分析小汽车出行者对于方式转换行为的偏好和个体异质性，在济南市进行了出行行为和意向调查。通过不同因素组合下的出行方式选择结果可以看出，随着停车费和燃油费的增加，小汽车出行者依然选择小汽车出行比例逐渐降低，转向公交出行比例逐渐增加。提升公交服务水平后，小汽车出行者转向公交出行比例可以提高 14%～22%。

基于效用理论模型中的多项式 Logit 模型、混合 Logit 模型和潜在分类模型对小汽车出行者的方式转换行为和个体异质性进行建模。模型标定结果显示，燃油费、停车费和公交服务水平对公交出行方式选择具有最为显著的影响，其次是小汽车拥有数量、驾龄、工作地附近的停车位供给情况和减少小汽车使用的意愿等因素。

通过模型的评估指标的对比分析发现，潜在分类模型具有最高的模型拟合度和适用性。基于潜在分类模型，选取三分类作为最优的模型分类数量进行模型的标定，每类具有不同的方式选择行为特征，分类 1 的小汽车出行者对停车费和公交服务水平更为敏感，停车费的增加和公交服务水平的提升，将促进更多的小汽车出行者转向公交出行。分类 2 中的小汽车出行者对停车费、燃油费和公交服务水平因素不敏感。大多数小汽车出行者属于分类 3，这个群体也是交通政策制定和实施的目标群体，提升公交服务水平和提高燃油费和停车费，将有助于提高这些小汽车出行者向公交转移的比例，而且驾龄越短、拥有小汽车数量越少、工作地附近没有固定车位、更愿意减少汽车出行的男性小汽车出行者更倾向于转向公交出行。

通过改变公交服务水平、停车费和燃油费使用潜在分类模型对这些影响因素进行了敏感性分析。结果显示，不同分类群体对这些影响因素的敏感性不同。在分类1中，当停车费从2元/小时变为10元/小时时，公交服务水平的任何提升变化都可以大幅提高小汽车出行者的公交出行选择比例，可以接近100%。在分类3中，当停车费大于10元/小时、燃油费大于10元/升时，与公交服务水平不变时相比，公交服务水平提升可以使得小汽车出行者向公交出行的转移比例平均提高18%左右。

这些结论表明，潜在分类模型适合小汽车出行者的个体异质性和行为偏好分析，基于分类有助于为每个出行群体设计适宜的交通调节策略，从而提升交通政策实施的有效性。

第6章　改进的基于效用理论的换乘出行行为研究

公共自行车是节能环保的绿色出行方式，公共自行车在伦敦、杭州等城市得到了成功的应用，结合地铁系统建设的公共自行车服务系统，作为前端和后端衔接的绿色交通方式，对于公共自行车与地铁系统的有效接驳换乘，提高公交系统可达性，提升公共交通系统的竞争力和吸引力，促进公交出行具有重要的作用。

本章以出行者的公共自行车换乘地铁出行选择意向为研究对象，提出基于感知重要度的交通出行意向行为数据获取方法，改进了传统的出行行为调查方法，并进行意向调查设计和实施，得到出行者的出行换乘行为特征和意向数据，运用模型进行了影响因素的分析，为公共自行车系统发展政策的制定提供参考。

6.1　基于感知重要度的出行意向数据获取方法

出行者是交通系统的重要组成部分，分析出行者的出行行为特征和规律是进行交通规划、交通管理、交通政策制定的前提，交通调查是获得交通行为数据的主要方法，其中，出行意向调查（SP）则是获得出行者在假设的交通条件下的行为反应的重要工具，也是进行出行行为建模的主要数据获取方法。

目前，国内外对于出行意向行为数据获取和分析的研究，主要是采用意向调查的方法设计调查问卷，以获得个人出行行为和意向数据，进而基于随机效用理论，建立模型分析个人信息、出行相关因素、政策调控因素等对出行选择意向的影响关系和影响程度。

意向调查方法一般是选择出行行为及调控的主要影响因素，通过设置因素的变化水平，进而利用正交实验设计等方法，得到多因素多水平组合意向调查设计表。但是影响出行者出行行为的因素往往较多，如果在意向设计中选择的因素过多，其因素水平组合数量较大，会增加被调查者的负担，从而影响调查数据的可靠性，所以一般会选择2~3个重要影响因素，设置2~3个的因素水平，但是这样选择的因素过少，又不能反映其他因素对于意向选择结果的影响。而且，不同出行者对于同一出行环境条件下的因素的感知和关注程度各不相同，例如对于3分钟的公交等车时间的感知长短，每个人可能都不一样，有些出行者关注出行时间，对出行费用不关注，而有些出行者则关注出行费用，对出行时间不关注，而在出行行为建模中往往只考虑因素实际指标的大小，没有考虑出行者对因素感知差异性的影响。

因此，改进多因素复杂交通出行条件下的意向调查数据获取和分析建模方法，对于出行者行为和意向数据的有效获取十分必要，也对出行行为分析有一定的帮助。

基于以上分析，这里提出了基于感知重要度的交通出行意向数据获取方法，可以用来快速获得出行者在假设的复杂交通条件下的出行行为和选择意向数据，提高了基于意向调查数据的出行行为建模精度，可以为出行行为调查方法改进和交通政策的制定提供参考借鉴。

6.1.1　出行行为意向调查设计思路

调查设计从多因素条件下的出行行为分析角度出发，为提高意向调查数据的可靠性和模型的精度，考虑到每个出行者关注的主要因素不同，因此，调查设计是基于出行者感知（或关注）的重要因素来创建因素组合决策情境，并将调查内容通过编程软件发布到 iPad 上，实现了一些用纸面问卷无法实现的问题设置和数据收集，被调查者通过对手持 iPad 的电子问卷的操作就可以快速完成调查。所获得的数据用于感知心理距离的计算和出行行为建模，进而分析影响因素与意向选择行为的关系。

基于感知重要度的出行行为意向调查设计方法，可以实现出行者意向行为数据的自动获取，减少了问卷调查所需的大量人力、物力、时间的投入，而且样本回收率高，有效样本量大，同时基于该调查数据所建立的模型精度更高。

6.1.2　出行行为意向调查设计内容

确定出行行为研究的对象群体，对其进行预调查，初步掌握该类出行对象群体的出行行为特征和影响其出行选择的重要因素，针对出行者对这些因素的现状情况的感知进行调查设计，因素感知水平一般根据调查内容确定，比如出行者对现状自行车骑行环境的感知，问题选项的设置可以为"差、一般、较好"。

选择重要的 4～6 个因素进行意向调查设计，因素两两组合，得到多组两因素组合，给定因素变化的水平，水平设置为相对于现状条件感知水平的变化量，比如增加 1 倍、减少 50％等，采用正交实验设计等方法并结合主观判断，排除不合适的意向组合问题，得到多组两因素多水平的假设组合方案。

每个被调查者只回答对自己出行选择影响最为重要的两个因素的组合意向问题，这样减少了被调查者的负担，提高了调查数据的精度。

6.1.3　出行行为意向调查界面设计和发布

为实现调查数据的自动化高效率采集，利用编程语言将上面的设计内容进行编程设计，界面设计力求简洁、清晰，每页问题数量为 3～4 个，其中每一组两因素多水平组合问题单独设置为一个界面。

被调查者可以通过触选方式做出选择，被选择的选项文字将由黑色变为红色并在旁边出现"√"表示选中，被调查者也可以通过触选其他选项来改变原选择。也可通过设置滑动按钮的方式进行选择，向右滑动按钮，同时出现"√"符号表示选中，也可以滑回按钮取消选择。每个界面下方设置"前一页""后一页"按钮实现页面转换功能，并设置"保存""清空""回传"按钮实现数据的保存、清除和上传功能。

将以上设计程序发布到 iPad 上，选定调查对象，通过手持 iPad 终端进行调查，每调查完一个样本，点击界面下方的"保存"按钮，保存成功后点击"清空"选项清除本次调查内容，继续做下一个调查，所有调查数据均保存到指定的数据文件中。采集多个样本数据后，通过"回传"按钮，设置好邮箱可以批量导出所有数据，软件自动记录意向调查做出选择的时间。

调查实施过程中，被调查者根据界面显示的问题和选项做出选择。其中，基于最重要的两因素的意向调查实施方法是被调查者首先从多因素中先选择对自己出行选择影响最为重要的两个因素，然后软件自动从多组预存的两因素多水平组合方案中提取这两个重要因素的组合设计方案，进而被调查者对该组方案问题做出意向选择。

6.2　公共自行车换乘地铁出行意向调查实施

应用基于感知重要度的出行意向数据获取方法，进行出行者的公共自行车换乘地铁出行选择意向调查设计和实施，得到出行者的换乘出行行为特征和意向数据。

6.2.1　换乘出行行为意向调查内容

为了分析出行者使用公共自行车换乘地铁的出行意愿和影响因素，调查内容包括以下几个部分：

出行者个人信息：性别、年龄、职业、月收入。

日常出行信息：上班出行时间、是否使用过公共自行车换乘地铁出行，是否办理过公共自行车租赁卡。

现状公共自行车租赁点及使用情况信息：包括四个主要因素，家与公共自行车租赁点的距离；家附近 500 米内公共自行车租赁点的数量；对公共自行车骑行环境的评价；对公共自行车存取车方便性、车位和车辆可得性的评价。

对使用公共自行车出行的感知：对于公共自行车换乘地铁出行可以减少交通拥堵和雾霾天气的态度。

意向调查设计：为了得到出行者对于公共自行车换乘地铁出行的意向，采用 SP 意向调查的方法，获得出行者在多因素多水平假设组合条件下的选择意向。影响公共自行车换乘地铁出行的因素很多，根据对北京市公共自行车使用者出行行为预调查，初步确定影响公共自行车使用的四个主要因素：骑行环境；家与公共自行车租赁点距离；存取车的方便性、车位和车辆的可得性；家附近 500 米内的租赁点数量。给定四个因素的与现状感知的假设变化水平，如表 6-1 所示。为了对比分析不同调查方法的实施效果，这里设计两种意向调查方案。

意向调查设计中四个主要因素的水平设置和赋值　　　　表 6-1

因素	水平（赋值）
对公共自行车骑行环境的感知	三个水平：大大改善（3）； 不变、现状（2）； 变差（1）
家与公共自行车租赁点的距离	两个水平：减少 50%（2）； 不变、现状（1）
对公共自行车存取车方便性、 车位和车辆的可得性的感知	两个水平：改善：方便存取、有空车位或车（2）； 不变、现状（1）
家附近 500 米内公共自行车租赁点数量	两个水平：增加 1 倍（2）； 不变、现状（1）

（1）新意向调查方案 1——两因素意向组合设计

将四个主要因素两两组合，根据表 6-1 设置的因素变化水平，采用正交实验设计方法得到 6 组两因素水平的组合方案，作为备用方案，如表 6-2～表 6-7 所示。调查设计是被调查者首先从四个主要因素中选择对自己使用公共自行车换乘地铁出行影响最重要的两个因素，然后回答基于这两个因素的一组意向组合问题，被调查者回答是否选择使用公共自行车换乘地铁出行。

意向组合方案 1——骑行环境和家与公共自行车租赁点的距离 　　　　表 6-2

水平组合	骑行环境	家与公共自行车租赁点的距离	是否使用公共自行车换乘地铁出行
1	大大改善		A 是　　B 否
2	不变、现状	减少 50%	A 是　　B 否
3	变差		A 是　　B 否
4	大大改善	不变、现状	A 是　　B 否

意向组合方案 2——骑行环境和存取车的方便性、车位和车辆的可得性 　　　　表 6-3

水平组合	骑行环境	存取车的方便性、车位和车辆的可得性	是否使用公共自行车换乘地铁出行
1	大大改善		A 是　　B 否
2	不变、现状	改善	A 是　　B 否
3	变差		A 是　　B 否
4	大大改善	一般	A 是　　B 否

意向组合方案 3——骑行环境和家附近 500 米内的租赁点数量 　　　　表 6-4

水平组合	骑行环境	家附近 500 米内的租赁点数量	是否使用公共自行车换乘地铁出行
1	大大改善	不变、现状	A 是　　B 否
2	不变、现状		A 是　　B 否
3	变差	增加 1 倍	A 是　　B 否
4	大大改善		A 是　　B 否

意向组合方案 4——家与公共自行车租赁点的距离和存取车的方便性、可得性 　　表 6-5

水平组合	家与公共自行车租赁点的距离	存取车的方便性、车位和车辆的可得性	是否使用公共自行车换乘地铁出行
1	减少 50%		A 是　　B 否
2	不变	改善	A 是　　B 否
3	减少 50%	一般	A 是　　B 否

意向组合方案 5——家与公共自行车租赁点的距离和附近 500 米内的租赁点数量 　　表 6-6

水平组合	家与公共自行车租赁点的距离	家附近 500 米内的租赁点数量	是否使用公共自行车换乘地铁出行
1	减少 50%	不变、现状	A 是　　B 否
2	减少 50%		A 是　　B 否
3	不变	增加 1 倍	A 是　　B 否

意向组合方案 6——存取车的方便性、可得性和家附近 500 米内的租赁点数量 表 6-7

水平组合	存取车的方便性、车位和车辆的可得性	家附近 500 米内的租赁点数量	是否使用公共自行车换乘地铁出行
1	改善	不变、现状	A 是　　B 否
2	改善	增加 1 倍	A 是　　B 否
3	一般		A 是　　B 否

（2）传统意向调查方案 2——四因素意向组合设计

为了与新意向调查方案 1 得到的结果进行对比分析，采用传统的意向设计方法，进行四个因素多水平的意向组合设计，筛选后得到 9 个多因素不同水平组合的意向问题，将其分为 3 组 A、B、C，每组 3 道题，如表 6-8～表 6-10 所示，随机呈现给每个被调查者一组，回答在此条件下是否使用公共自行车换乘地铁出行。

意向组合方案 A　　　　　　　　　　表 6-8

家与租赁点距离	家附近 500 米内租赁点数量	骑行环境	存取车方便、可得性	是否使用公共自行车换乘地铁出行
减少 50%	不变	改善	很方便	A 是　　B 否
减少 50%	增加 1 倍	改善	不变	A 是　　B 否
不变	增加 1 倍	不变	很方便	A 是　　B 否

意向组合方案 B　　　　　　　　　　表 6-9

家与租赁点距离	家附近 500 米内租赁点数量	骑行环境	存取车方便、可得性	是否使用公共自行车换乘地铁出行
减少 50%	增加 1 倍	改善	不变	A 是　　B 否
减少 50%	增加 1 倍	变差	改善	A 是　　B 否
不变	不变	改善	很方便	A 是　　B 否

意向组合方案 C　　　　　　　　　　表 6-10

家与租赁点距离	家附近 500 米内租赁点数量	骑行环境	存取车方便、可得性	是否使用公共自行车换乘地铁出行
减少 50%	不变	不变	很方便	A 是　　B 否
减少 50%	增加 1 倍	变差	不变	A 是　　B 否
不变	增加 1 倍	改善	不变	A 是　　B 否

（3）调查方案设计流程

公共自行车换乘地铁出行意向调查设计流程如图 6-1 所示。

6.2.2　界面设计和基于 iPad 的发布实施

根据公共自行车换乘地铁出行意向调查内容，使用 Swift 开发语言，XCODE 6.0 开发平台进行界面的设计，每个界面最多设置 4 个问题，日常出行信息和对现状公共自行车租赁点及使用情况的感知问题设置为 2 个界面，两因素和四因素意向组合问题各设置为 1

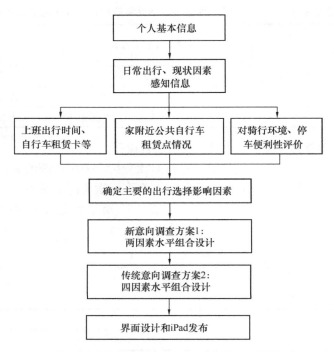

图 6-1 换乘出行行为意向调查设计流程图

个界面，共有 6 个界面，如图 6-2～图 6-6 所示。

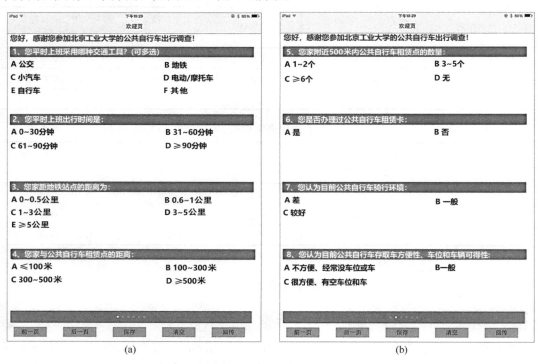

图 6-2 日常出行信息和现状公共自行车使用情况问题界面
(a) 界面 1；(b) 界面 2

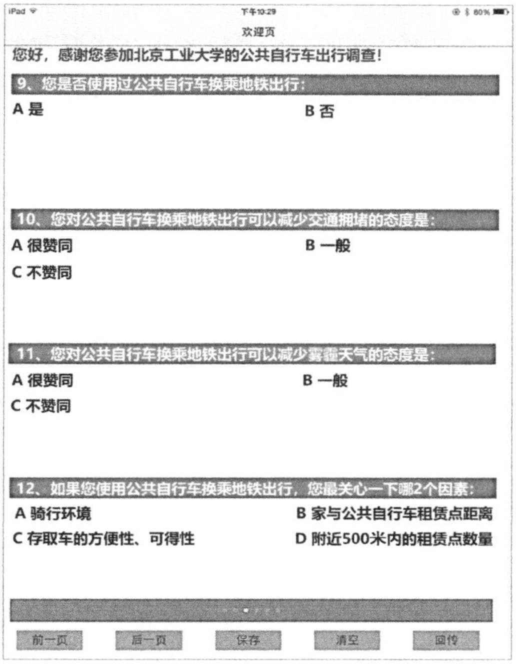

图6-3 出行和感知重要因素选择界面3

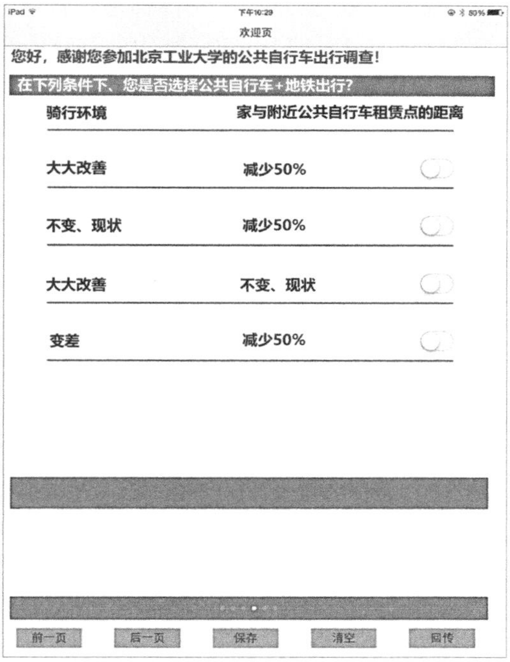

图6-4 新意向调查因素组合设计界面4

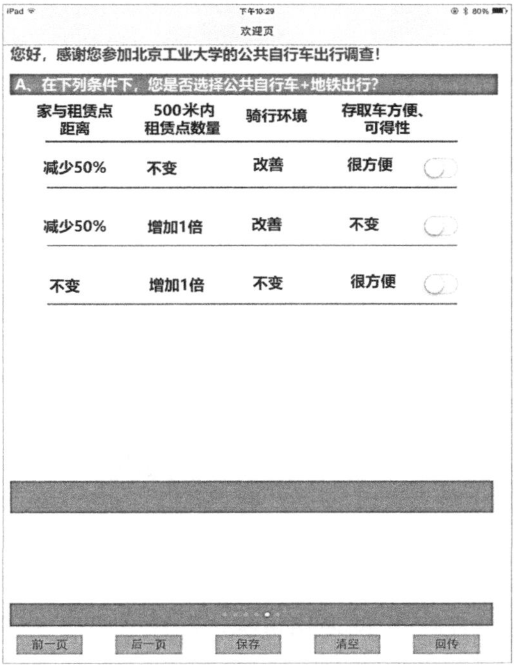

图6-5 传统意向调查设计因素组合界面5

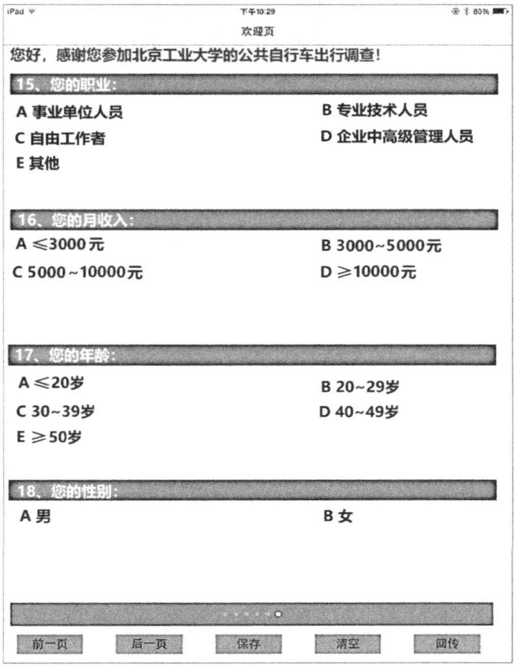

图6-6 个人基本信息设计界面6

根据图 6-3 界面 3 中的问题 12 "如果使用公共自行车换乘地铁出行，您最关心以下哪 2 个因素？"，选项为 "A 骑行环境；B 家与公共自行车租赁点的距离；C 存取车的方便性、可得性；D 家附近 500 米内的租赁点数量"。被调查者从四个主要因素中选出对其选择影响最重要的两个因素后，仅回答基于这两个因素的一组意向水平组合问题，如图 6-4 所示的界面 4 所示。如果选择公共自行车换乘地铁出行，则向右滑动界面右侧的按钮。然后回答一组传统的四因素组合的意向选择问题，如图 6-5 所示的界面 5 所示。同时，软件自动记录两个意向调查做出选择的决策时间。

将以上设计程序发布到 iPad 上，通过手持 iPad 终端在北京市地铁站周边的公交站点进行面对面的调查，调查对象为乘坐公交来换乘地铁的出行者，其为潜在的公共自行车换乘地铁出行群体，每调查完一个样本，使用保存功能存储数据，所有调查数据均保存到同一个数据文件 survey. txt 中。采集多个样本数据后，通过回传批量导出所有数据，完成本次调查数据的回收。数据回传界面如图 6-7 所示。

图 6-7　数据回传界面 7

调查于 2015 年 1 月和 3 月进行，共获得样本 112 份，有效样本 102 份。

6.2.3　公共自行车换乘地铁出行意向数据初步分析

为了便于进一步分析，根据调查获得的数据，表 6-11 和表 6-12 给出了各个调查内容的选项设置、赋值和统计结果。在样本分布上，男性占 60%，女性占 40%。大部分出行者年龄在 40 岁以下，占 83%。月收入主要分布在 3000～10000 元之间，占 87%。

从通勤时间分布来看，大约有 65% 的受访者上下班时间在 1 小时以内。只有 13% 的出行者拥有公共自行车租赁卡，并且曾经使用过公共自行车出行。大多数出行者认为，使用公共自行车出行可以减少交通拥堵和雾霾，分别占 55% 和 57%。

对居住地周边公共自行车设施的现状来看，39% 的出行者需要步行 300m 以上才能找到公共自行车租赁点，54% 的人能在其居住地周边 500 米范围内找到 1～2 个公共自行车租车点，而 21% 的出行者找不到租车点。对于公共自行车的使用情况，74% 的出行者认为北京的自行车骑行环境较差或一般，只有 26% 的人感觉较好。25% 的出行者认为使用公共自行车出行不是很方便，可能是因为停车、安全和其他原因的影响。

个人、日常出行和对使用公共自行车出行的态度信息汇总 表 6-11

影响因素		选项	赋值	百分比（%）
个人信息	性别	男	1	60
		女	2	40
	年龄	≤29 岁	1	41
		30～39 岁	2	42
		≥40 岁	3	17
	职业	事业单位人员和专业技术人员	1	38
		其他	2	41
		自由工作者和高级管理人员	3	21
	月收入	≤3000 元	1	10
		3000～10000 元	2	87
		≥10000 元	3	3
日常出行信息	上班出行时间	≤30 分钟	1	25
		31～60 分钟	2	40
		61～90 分钟	3	25
		≥90 分钟	4	10
	是否使用过公共自行车换乘地铁出行	是	1	13
		否	2	87
	是否办理过公共自行车租赁卡	是	1	13
		否	2	87
对使用公共自行车出行的态度	对公共自行车换乘地铁减少交通拥堵的态度	很赞同	1	55
		一般	2	40
		不赞同	3	5
	对公共自行车换乘地铁减少雾霾天气的态度	很赞同	1	57
		一般	2	31
		不赞同	3	12

现状公共自行车租赁点设施及使用情况汇总 表 6-12

影响因素	选项	赋值	百分比（%）
骑行环境	差	1	20
	一般	2	54
	较好	3	26
家与公共自行车租赁点距离	≤100 米	1	25
	100～300 米	2	36
	≥300 米	3	39
存取车的方便性、可得性	不方便	1	25
	一般	2	37
	很方便，有空车位和车	3	38
家附近 500 米内的租赁点数量	无	1	21
	1～2 个	2	54
	≥3 个	3	25

6.3 改进的基于效用理论的出行换乘行为建模

6.3.1 感知心理距离的计算

由于被调查者居住地附近的公共自行车设施情况不同，因此，其对现状公共自行车使用情况的感知也不相同，即感知参考点存在差异性，所以，在意向调查中，面对同样的因素水平组合意向选择问题时，由于每个人感知基点的差异性，对意向问题的理解也不同。

这里定义感知心理距离作为衡量个体对现状出行条件感知与假设出行条件之间的心理差距。感知心理距离通过多维属性的欧式空间距离进行计算，假设 4 个主要的意向组合设计中的影响因素用 a_q 表示，$q = 1,2,3,4$，分别为：骑行环境；家与公共自行车租赁点的距离；存取车的方便性、车位和车辆的可得性；家附近 500 米内的租赁点数量。根据出行者对于四个因素现状情况的感知和出行的评价，并结合在假设意向组合方案中同因素假设变化水平的赋值表 6-1，a_{q1} 分别为出行者对四个因素变量的现状感知水平值，即界面 1 和界面 2 中的问题 3、4、5、8 的选择结果。a_{q2} 分别为四个因素变量在意向设计中的假设变化水平值，是相对变化程度的描述，如骑行环境变量有三个变化水平，根据出行者的选择取"大大改善""不变、现状"或"变差"的赋值。根据式（6-1）计算每个被访者在不同的假设条件下的感知心理距离 d_n：

$$d_n = sqrt(\sum_{q=1}^{m}(a_{q2} - a_{q1})^2) \quad q = 1,2,\cdots,m \tag{6-1}$$

式中 d_n —— 表示出行者 n 的感知心理距离；

       a_{q2} —— 表示意向组合方案中因素 q 的假设变化水平值；

       a_{q1} —— 表示对因素 q 的现状情况的感知水平值；

       m —— 意向组合方案中的因素数量，这里为 4；

       $sqrt$ —— 表示平方根函数。

根据调查数据计算每个被访者的感知心理距离，并进行汇总得到两个意向调查方案下的感知心理距离分布，如图 6-8 和图 6-9 所示。

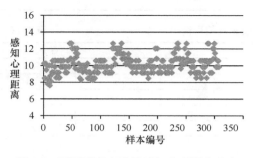

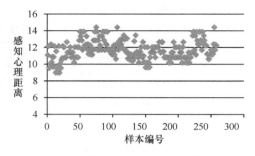

图 6-8 两因素意向选择感知心理距离分布   图 6-9 四因素意向选择感知心理距离分布

从图 6-8、图 6-9 中可以看出，在新意向调查方案 1 下，也就是两因素意向组合设计下，出行者的感知心理距离主要分布在 7～13 之间，均值为 10.13，方差为 1.04。在新意向调查方案 2，即传统的四因素意向组合设计下，感知心理距离主要分布在 8～15 之间，均值为 11.65，方差为 1.12，大于两因素意向选择的情况，且相对较离散。

6.3.2 改进的基于效用理论的出行换乘行为建模方法

根据感知心理距离的计算，并将其代入 Logit 模型中得到改进的出行换乘行为模型，用来分析影响因素与意向选择之间的关系。选项 i 为出行者在意向调查设计中一定的因素组合方案下的选择项，A_n 是所有备选选项的集合。效用函数为以下公式：

$$U_{in} = V_{in} + \varepsilon_{in} \tag{6-2}$$

式中　V_{in}——出行者 n 选择选项 i 的固定效用部分；

　　　ε_{in}——出行者 n 选择选项 i 的随机效用部分。

考虑感知心理距离，对效用函数的固定部分进行改进得到：

$$V_{in} = \sum_{k=1}^{p} \theta_k X_{ink} + \delta d_n \tag{6-3}$$

式中　p——影响出行者 n 选择选项 i 的影响因素数量；

　　　θ_k——影响因素变量 X_{ink} 的模型标定系数；

　　　X_{ink}——出行者 n 选择选项 i 的第 k 个因素；

　　　d_n——感知心理距离；

　　　δ——感知心理距离的模型标定系数。

假设随机项 ε_{in} 服从 Gumbel 分布，Logit 模型为：

$$P_{in} = \frac{\exp(V_{in})}{\sum_{j=1}^{A_n} \exp(V_{jn})} \qquad i,j \in A_n \tag{6-4}$$

式中　P_{in}——出行者 n 选择选项 i 的概率。

以上模型通过最大似然估计法，利用回归分析软件便可得出回归系数 $\theta_1, \cdots, \theta_k$ 和 δ。

6.3.3 改进的基于效用理论的出行换乘行为模型标定和分析

将意向调查设计中的四个主要因素：骑行环境；家与公共自行车租赁点距离；存取车的方便性、车位和车辆的可得性；家附近 500 米内的租赁点数量。依次用 a、b、c、d 表示，得到 6 个两因素组合情况，进而分析出行者对影响其换乘行为的重要两因素的选择情况。从图 6-10 可以看出，主要关注因素 a、c 和 b、c 组合的人最多，分别占 35% 和 31%，即关注骑行环境和家与公共自行车租赁点的距离这两个因素，以及家与公共自行车租赁点的距离和存取车的方便性、车位和车辆的可得性这两个因素的人较多。其次是 a、b 组合，占 17%。

基于主要关注的两因素的新意向调查方案获得的数据，其中，选择公共自行车换乘地铁的比例占 37%，不选择的比例占 63%。将出行者未选择作为关注的重要因素的因素水平设置为"不变、现状"水平。首先进行影响因素之间及影响因素与选择结果的相关性分析，然后建立二项 Logit 模型，得到如表 6-13 所示的模型 1 和模型 2。

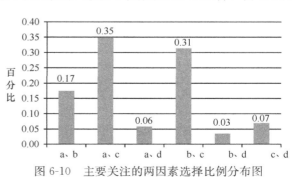

图 6-10　主要关注的两因素选择比例分布图

新意向调查方案 1 下的 Logit 模型标定结果　　　　　　　　　　　　表 6-13

变量	模型 1		模型 2	
	系数	T 检验	系数	T 检验
常数项	−16.86***	−7.31	−12.06***	−6.36
上班出行时间	−0.22	−1.27	−0.22	−1.40
是否有公共自行车租赁卡	−0.77*	−1.76	−0.72*	−1.89
骑行环境	2.61***	5.39	—	—
家与公共自行车租赁点的距离	1.74***	3.60	—	—
存取车的方便性、可得性	2.79***	5.49	—	—
家附近 500 米内的租赁点数量	2.00***	2.91	—	—
感知心理距离	0.32	1.34	1.26***	7.46
年龄	0.35	1.59	0.42**	2.14
对数似然值	−132.38		−157.21	
McFadden Pseudo R-squared	0.35		0.26	
Inf. Cr. AIC	286.8		328.4	

备注：***、**、* 分别表示在 99%、95%、90% 的置信水平上重要。

从影响公共自行车换乘地铁选择的重要因素看，基于新意向调查方案，主要关注两因素的换乘出行选择 Logit 模型 1 中，骑行环境、家与公共自行车租赁点的距离、存取车的方便性、车位和车辆的可得性、家附近 500 米内的租赁点数量是最重要的影响因素，其系数均为正，表明随着这些因素水平的提高，选择公共自行车换乘地铁的比例会增加。其次是是否有公共自行车租赁卡，系数为负，表示如果出行者办理公共自行车租赁卡，则更愿意使用公共自行车换乘地铁出行。其他因素也有一定的影响，但是影响不显著。

由于感知心理距离与意向调查设计的四个因素之间有一定的相关性，所以，在模型 2 中只代入感知心理距离变量，重点分析感知心理距离对公共自行车换乘地铁出行选择的影响。标定结果显示，感知心理距离对出行换乘行为结果的影响非常显著，系数为 +1.26，T 检验值为 +7.46，表示随着感知心理距离的增加，选择公共自行车换乘地铁出行的比例逐渐增加，即如果出行者对现状公共自行车使用情况感知水平越差，当面对意向选择情境时所感知的心理距离更大，更愿意选择公共自行车换乘地铁出行。此外，年龄也有重要的正的影响，年龄越大越容易选择公共自行车换乘地铁出行。

基于传统意向调查方案的四因素组合设计下获得的意向调查数据，其中选择公共自行车换乘地铁出行的比例占 43%，不选择的比例占 57%，建立二项 Logit 模型如表 6-14 所示。

传统意向调查方案 2 下的 Logit 模型标定结果　　　　　　　　　　　　表 6-14

变量	模型 3		模型 4	
	系数	T 检验	系数	T 检验
常数项	−4.32	−1.62	−1.91	−1.12
上班出行时间	−0.37**	−2.39	−0.28*	−1.90

续表

变量	模型 3		模型 4	
	系数	T 检验	系数	T 检验
是否使用过公共自行车换乘地铁出行	−0.88**	−2.02	−0.08*	−1.88
对公共自行车换乘地铁减少雾霾天气的态度	−0.48**	−2.19	−0.42**	−1.97
骑行环境	0.75**	2.38		
存取车的方便性、可得性	0.99*	1.76		
感知心理距离	0.14	0.93	0.29**	2.43
年龄	0.42**	2.08	0.35*	1.83
对数似然值	−160.02		−167.65	
McFadden Pseudo R-squared	0.09		0.05	
Inf. Cr. AIC	344.0		351.3	

备注：***、**、*分别表示在 99%、95%、90%的置信水平上重要。

根据模型标定结果，表 6-14 的模型 3 中，对于四个意向组合设计影响因素，只有骑行环境、存取车的方便性、车位和车辆的可得性是重要的影响因素。其次，上班出行时间、对公共自行车换乘地铁减少雾霾天气的态度、是否使用过公共自行车换乘地铁出行、年龄也是比较重要的影响因素。上班出行时间的系数为负，说明上班出行时间越短，越倾向选择公共自行车换乘地铁出行，对公共自行车换乘地铁减少雾霾天气的态度的系数为负，说明越赞同公共自行车换乘地铁可以减少雾霾天气越愿意转向使用公共自行车换乘地铁出行。是否使用过公共自行车换乘地铁出行系数为负，说明有过公共自行车换乘地铁出行的经验的人，更容易转向公共自行车换乘地铁出行。模型 4 中感知心理距离对结果的影响较为重要，系数为+0.29，T 检验值为+2.43，表示随着感知心理距离的增加，选择公共自行车换乘地铁的比例逐渐增加。

以上分析表明，复杂的多因素决策情景下，决策者往往会减少对一些因素的考虑，简化决策过程。在模型 3 和模型 4 中，四个意向设计的主要因素和感知心理距离对公共自行车换乘地铁出行的影响程度相对模型 1 和模型 2 较小，支持了上面的观点。新意向调查方案下的模型 1 和模型 2 的拟合优度远高于传统意向调查方案下的模型 3 和模型 4，模型 1 和模型 2 的拟合优度为 0.35、0.26，而模型 3 和模型 4 的拟合优度为 0.09 和 0.05。这说明新的基于个体因素感知重要度的意向调查设计方案，所获得的数据能够提高模型的精度，更适合于分析出行者的公共自行车换乘地铁的选择行为。

6.3.4 出行换乘行为模型主要因素的敏感性分析

通过对比分析，基于新意向调查方案的公共自行车换乘地铁出行选择模型拟合度较高，以表 6-13 建立的模型进行公共自行车换乘地铁出行选择的影响因素的敏感性分析。

将 4 个主要意向设计影响因素的水平变化设置为 0~5 之间。图 6-11 显示了四个主要因素水平每增加 0.1，公共自行车换乘地铁出行选择比例的变化率。随着与公共自行车系统相关主要因素的逐步完善，公共自行车换乘地铁出行选择比例的变化逐渐达到峰值。公共自行车换乘选择比例随家与共自行车租赁点距离和家附近 500 米范围内公共自行车租赁

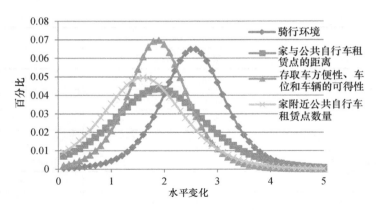

图 6-11　不同因素变化下的公共自行车换乘地铁出行比例变化率

点数量的变化相对较小。这两个因素的水平每增加 0.1，高峰区间的公共自行车换乘地铁选择比例会改变 4％～5％。公共自行车换乘地铁选择比例随骑行环境、使用公共自行车的方便性及车位和车辆的可得性的变化相对较高。这些因素的水平每增加 0.1，在高峰区间的公共自行车换乘地铁选择比例会改变 6％～7％。这说明，出行者对自行车骑行环境以及公共自行车使用便利性和可得性更为敏感。

因此，改善公共自行车的骑行环境和公共自行车存取车方便性、车位和车辆的可得性，对于提高公共自行换乘地铁出行比例具有重要的作用。

图 6-12 显示，假设感知心理距离变化区间为 5～15，变化间隔为 0.2，当感知心理距离在 10.5 附近变化时，公共自行车换乘地铁出行选择比例变化率较大，变化幅度为 6.5％左右。随着感知心理距离的增加，选择公共自行车换乘地铁出行的比例逐渐增加。

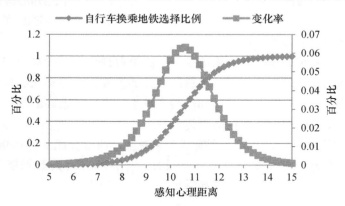

图 6-12　不同感知心理距离下的公共自行车换乘地铁出行比例变化率

6.3.5　信息量和决策时间对出行换乘行为模型的影响分析

从出行者认知能力方面考虑，定义信息量为呈现给被调查者的意向选择方案中的因素及水平的数量。如表 6-15 所示，在新意向调查方案中，对主要关注的两因素组合意向选择下，6 个两因素组合中呈现的信息量最大为 10，最小为 8，在传统意向调查方案下的四因素组合意向选择中，信息量均为 16，大大高于新意向调查方案。

不同意向调查方案下的信息量   表 6-15

新意向调查方案 1		传统意向调查方案 2	
因素组合	信息量	因素组合	信息量
a、b	10	A	16
a、c	10	B	16
a、d	10	C	16
b、c	8		
b、d	8		
c、d	8		

　　一般来说，从理性人的角度考虑，给定的信息量越大，决策者处理信息做出选择所需的决策时间应该越长。图 6-13 显示，在新意向调查方案 1 下，主要关注的两因素组合意向选择中，决策时间的均值和方差分别为 19.78s、15.13。图 6-14 显示，在传统意向调查方案的四因素组合意向选择中，决策时间的均值和方差分别为 17.41s、10.95，决策时间平均值要低于新意向调查方案的意向选择的情况。说明由于信息量的增加，人的信息处理能力是有限的，并不是按照理性人的方式进行认真细致的思考，不一定考虑全部因素并进行对比分析，因此，也可以解释基于传统的意向调查方案下模型标定结果的拟合度不高和一些主要因素影响不显著的原因。图 6-15 是不同意向调查方案下公共自行车换乘地铁出行选择的决策时间分布，可以看出，约有 50% 的人在传统意向调查方案下（四因素意向组合设计）的决策时间小于新意向调查方案（两因素意向组合设计）。

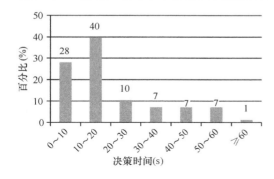

图 6-13　新意向调查方案下决策时间分布图　　图 6-14　传统意向调查方案下决策时间分布图

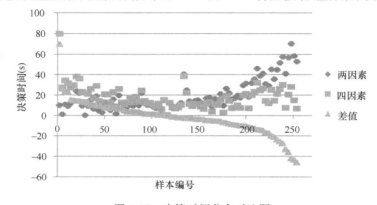

图 6-15　决策时间分布对比图

这里将传统意向调查方案的四因素组合意向选择数据按照决策时间分成两组，群体1是其在传统意向调查方案下的出行选择决策时间大于新意向调查方案，群体2是其出行选择决策时间小于新意向调查方案，对两个群体使用Logit模型进行建模和标定，结果见表6-16。

基于决策时间的分群体 Logit 模型标定结果　　　　　　表 6-16

变量	群体 1				群体 2			
	模型 1		模型 2		模型 3		模型 4	
	系数	T检验	系数	T检验	系数	T检验	系数	T检验
常数项	−8.34	−1.63	−6.70 *	−1.74	−4.88	−1.30	−1.00	−0.47
上班出行时间	−0.47	−1.50	−0.36	−1.20	−0.43 * *	−1.96	−0.30	−1.52
对公共自行车换乘地铁减少雾霾天气的态度	−1.03 * *	−2.56	−0.86 * *	−2.32	−0.31	−1.05	−0.26	−0.91
骑行环境	0.85	1.63			0.89 *	1.81		
家与公共自行车租赁点的距离	1.35 * *	2.08			−0.02	−0.37		
存取车的方便性、可得性	1.06	1.14			1.49 *	1.79		
感知心理距离	0.44	1.43	0.76 * * *	3.09	0.05	0.21	0.16	1.00
是否使用过公共自行车换乘地铁出行	−0.84	−1.18	−0.61	−0.92	−1.20 *	−1.66	−0.97	−1.45
年龄	0.12	0.27	0.30	0.70	0.65 * *	2.50	0.49 * *	2.07
对数似然值	−64.74		−70.52		−82.91		−89.40	
McFadden Pseudo R-squared	0.20		0.13		0.12		0.06	
AIC	153.5		157.0		189.8		194.8	

备注：* * *、* *、*分别表示在 99%、95%、90%的置信水平上重要。

通过表6-16对比分析得到，对于决策时间较长的群体1标定的模型，其拟合优度要高于决策时间相对较短的群体2。模型1的拟合优度为0.20，家与公共自行车租赁点的距离、对公共自行车换乘地铁减少雾霾天气的态度是重要的影响因素。模型2的拟合优度为0.13，感知心理距离和对公共自行车换乘地铁减少雾霾天气的态度是重要的影响因素。模型3的拟合优度为0.12，模型4为0.06。以上结果说明，出行者的决策时间越长，基于该数据建立的模型拟合度越高，表示出行者会通过认真思考做出决策，越接近理性的基于效用最大化的选择。如果决策时间较短，使用基于效用最大化的模型的标定结果拟合程度会较低，此时，出行者会使用一些决策策略做出决策，这部分群体更适合采用有限理性的决策模型进行建模分析。

6.4　小结

公共自行车是节能环保的绿色出行方式，本章使用改进的意向调查设计方法，通过编程将问卷发布到 iPad 手持终端上，以北京市地铁站点周边的公交站点乘坐公交换乘地铁的出行者作为调查对象，进行了公共自行车换乘地铁出行意向调查，实现了调查数据自动获取。应用二项 Logit 模型，分析了不同的意向调查方案所获得的行为数据的差异性。模型对比得出，基于主要关注两因素设计的新意向调查方案数据建立的换乘行为模型拟合优度大大高于传统意向调查方案数据建立的模型，说明了新意向调查方法的可行性和有效性。基于新意向调查方案数据标定的模型，四个主要因素（骑行环境；家与公共自行车租赁点距离；存取车的方便性、车位和车辆的可得性；家附近 500 米内的租赁点数量）均具有显著的正的影响，表明随着这些因素服务水平的提升，选择公共自行车换乘地铁出行的比例逐渐增加。感知心理距离作为衡量个体对现状条件认知与假设条件之间的心理差距的指标，在模型中具有重要的影响，如果出行者对现状使用公共自行车出行的感知越差，在同样的意向设计方案下，感知心理距离越大，更愿意选择公共自行车换乘地铁出行。

基于新意向调查方案数据建立的模型，进行主要影响因素的敏感性分析，可以发现，提升公共自行车服务水平，尤其是骑行环境和公共自行车存取车方便性、车位和车辆的可得性的改善，将有助于提高公共自行换乘地铁出行比例，也是政策调控的主要因素。

从出行者的认知能力方面考虑，基于决策时间对传统意向调查方案获得的数据进行分组，通过建立模型对比得出，出行者群体的决策时间越长，所建立的模型拟合优度越高，越接近理性的基于效用最大化的选择。出行者群体的决策时间越短，所建立的模型拟合优度越低，出行者会使用一些决策策略来简化决策过程，更适合用有限理性的决策模型进行分析。

以上研究对于传统意向调查方法的改进和效用最大化理论模型的适用性分析具有一定的参考意义，研究方法也可以应用在其他出行行为研究中，研究结论对出行换乘行为的影响因素分析以及促进人们的公共交通出行具有一定的实践意义。

第7章 基于前景理论的通勤出行行为研究

交通需求管理是解决交通拥堵问题的重要措施，其中，收费措施主要通过增加小汽车的出行成本来改变出行者的出行行为，以此减少高峰拥堵以及多余的能源和经济消耗，较为典型的收费措施主要有提高停车收费价格、燃油税、交通拥堵收费等，与以上收费为主的惩罚措施（Punishments Strategy）相比，奖励措施（Money Rewarding Strategy）可能会得到同样的改变出行者出行行为的目的，奖励措施目前主要有两类，一类为积分制最终兑换实物奖品，另一类为按次给予金钱奖励。以积分制兑换物品的奖励措施在荷兰的Belonitor项目中有所应用，而以金钱作为奖励的措施仅在荷兰的Spitsmijden项目中有所应用。虽然奖励措施目前在其他地区还没有应用，但根据行为心理学的研究，Kahneman和Tversky以及Geller认为奖励措施的效果可能比惩罚措施更好，奖励可以促进出行者的自我学习和内化，获得持久的行为改变，而惩罚措施则带来不情愿的行为和不愉快的记忆，并避免这种行为[1][2]。

目前，国内外主要对惩罚措施开展了广泛的研究，对于奖励措施的应用研究还处于探索阶段，而惩罚和奖励情况下出行者在出行偏好、方式选择行为等方面可能完全不同，因此，有必要进行两种措施下的探索性对比分析。本章主要进行奖励、惩罚措施下的小汽车通勤者出行行为的探索性对比研究，基于在北京市进行的调查数据，利用前景理论分析出行者在不同措施下的行为、意愿的差异性。

7.1 小汽车通勤出行行为调查和分析

7.1.1 出行行为调查

问卷调查内容主要包括：日常出行信息、出行意向调查和个人信息（性别、年龄、收入）。

（1）日常上班出行信息：上班途中是否接送人、办公方式、上班到达时间灵活性、对出行方式选择影响因素的重要度的评估等。

（2）出行意向调查设计

出行意向调查设计是调查假定的出行情境下的选择，这里假设在北京市从劲松至海淀黄庄的出行，两点之间出行距离约为23公里，有三环快速路、地铁10号线和多条公交线路，如图7-1所示。分别询问小汽车通勤者在假定的奖励和收费措施下的出行选择意向，如表7-1所示，给出不同的假定出行条件及其奖励和收费金额，其中对于奖励措施，当早/晚于早高峰出行时，奖励10元，当选择改用其他出行方式出行时，奖励20元，而当仍在早高峰出行时，则奖励金额为0元，对于收费措施，当早/晚于早高峰出行时，收取费用为10元，当选择改用其他出行方式出行时，收取费用为0元，而当仍在早高峰出行时，则收取费用为20元。选项包括：A 早于早高峰使用小汽车出行；B 晚于早高峰使用小汽车出行；C 改用其他方式（地铁为主）出行；D 仍在早高峰使用小汽车出行。

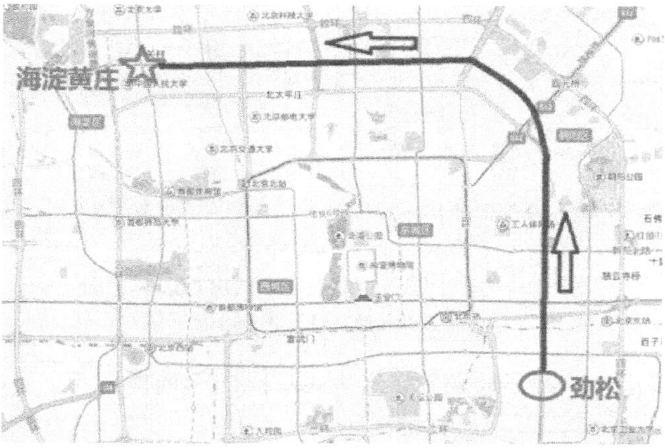

图 7-1　假设出行情景图

同时，对两种措施的可接受意愿进行调查，在不同时段使用小汽车和其他方式出行的期望出行时间和出行费用也进行了询问，用于模型的建立。

两种措施下的假设意向选择情景　　　　　　　　　　　　　　　　表 7-1

假定出行条件	奖励金额	收费金额	出行选择选项
早/晚于早高峰出行	10 元	10 元	A 早于早高峰出行（小汽车）
改用其他出行方式	20 元	0 元	B 晚于早高峰出行（小汽车） C 改用其他方式（地铁为主）
仍于早高峰出行	0 元	20 元	D 仍在早高峰出行（小汽车）

调查采取网络发放问卷方式，调查时间为 2016 年 4 月～5 月，共回收有效问卷 140 份。

7.1.2　小汽车通勤出行行为调查数据初步分析

根据调查数据，被调查者中男性占 56%，女性占 44%；年龄分布以 31～40 岁之间居多，占 41%，其次为 26～30 岁和 41～50 岁的出行者，分别占 27% 和 19%；职业分布中以专业技术人员、企业管理人员、科研事业单位人员居多，分别占 35%、30%、25%。

对于日常上班出行行为，有 69% 的小汽车通勤者上班途中需要接送人；办公方式以单位办公为主，占 88%，12% 的人可采用灵活办公方式（单位或家）；有 59% 的人必须按时到达单位，34% 允许有一定的迟到次数，仅有 7% 的人没有时间要求，工作时间比较自由。

从图 7-2 可以看出，两种交通措施对小汽车通勤者的出行选择具有一定的影响，仍然选择使用小汽车高峰出行的比例均仅为 12%，主要转向早于早高峰和改为地铁出行，且转移比例差异较大。奖励措施下选择早于早高峰出行的比例高于收费措施，分别为 53%、45%，高出 8%，而改用地铁出行的比例奖励措施比收费措施减少 8%，分别为 24%、32%，说明，奖励措施会使更多的小汽车通勤者放弃高峰时段出行而转向早于早高峰出行，而收费措施对于使其放弃小汽车出行而转向选择地铁出行的效果更好。

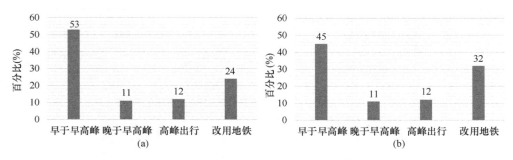

图 7-2　奖励措施和收费措施下的出行选择比例
（a）奖励措施；（b）收费措施

由图 7-3 可以看出，小汽车通勤者接送人时更倾向于选择早于早高峰出行，在奖励和收费措施下分别为 59％和 51％，这种情况下，放弃使用小汽车出行较为困难。不需要接送人时更倾向于改用地铁出行，在奖励和收费措施情况下分别为 39％和 47％，而且奖励措施下的选择地铁出行比例低于收费措施。

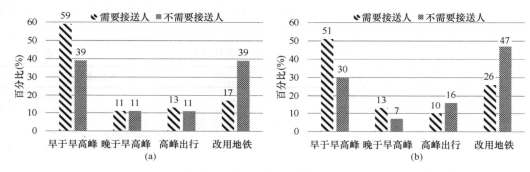

图 7-3　是否接送人与出行选择的关系
（a）奖励措施；（b）收费措施

由图 7-4 可以看出，上班达到时间的灵活性对于不同措施下通勤出行选择具有一定的影响。对于上班必须按时到达的人主要转向早于早高峰和地铁出行，选择比例均值分别为 53.5％和 26.5％。对于上班到达时间无要求的人主要转向晚于早高峰和地铁出行，选择比例均值分别为 39.5％和 43％。而允许有一定迟到次数的人在奖励措施下选择早于早高

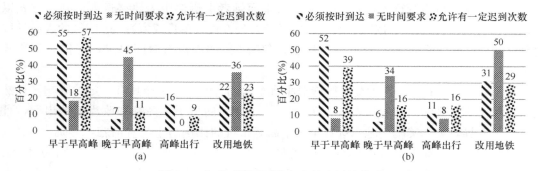

图 7-4　上班时间灵活性与出行选择的关系
（a）奖励措施；（b）收费措施

峰出行的比例明显高于收费措施，分别为 57％和 39％。

7.2　基于前景理论的小汽车通勤出行行为模型

由于出行者在奖励和收费措施下，在出行选择决策时面临着时间、金钱等方面的"收益"和"损失"的权衡，可能存在风险规避和风险追求现象。因此，这里采用前景理论展开分析。

7.2.1　通勤出行行为模型建立

（1）出行成本

出行成本主要包括出行者在出行过程中的时间成本和货币费用。由于选择改用其他方式出行中以地铁出行为主，这里主要研究小汽车和地铁两种出行方式。

1）小汽车出行成本：包括燃油费、停车费、奖励或收费金额、行驶时间等。

$$\begin{cases} U_1 = \mu_1 T_1 + \mu_2 C_1 \\ T_1 = t_{r1}\theta_t \\ C_1 = C_{o1} + C_{pk} \pm C_p \\ \theta_t = \dfrac{I_{am}}{t_{am}} \end{cases} \tag{7-1}$$

式中　　T_1——小汽车出行时间；

$\quad\quad\quad C_1$——小汽车出行费用成本；

$\quad\quad\quad \mu_1$——出行者对时间的敏感系数；

$\quad\quad\quad \mu_2$——出行者对费用的敏感系数，且 $\mu_1 + \mu_2 = 1$，通过调查数据计算得到；

$\quad\quad\quad t_{r1}$——小汽车高峰或错峰出行的行驶时间；

$\quad\quad\quad C_{o1}$——小汽车出行的燃油费；

$\quad\quad\quad C_{pk}$——小汽车出行的停车费；

$\quad\quad\quad C_p$——奖励或收费金额；

$\quad\quad\quad \theta_t$——单位时间成本；

$\quad\quad\quad I_{am}$——平均月收入；

$\quad\quad\quad t_{am}$——月均工作时间。

2）地铁出行成本 U_2：包括乘坐、等车、到达地铁站点的时间、车票成本等。

$$\begin{cases} U_2 = \mu_1 T_2 + \mu_2 C_2 \\ T_2 = (t_{s2} + t_{w2} + t_{r2} + t_{a2})\theta_t \\ C_2 = C_{t2} \pm C_p \end{cases} \tag{7-2}$$

式中　　T_2——地铁出行时间；

$\quad\quad\quad C_2$——地铁出行货币成本；

$\quad\quad\quad t_{s2}$——从出发地到地铁站的时间；

$\quad\quad\quad t_{w2}$——在地铁站安检、等车、步行时间；

t_{r2} ——乘坐时间；

t_{a2} ——从地铁站到目的地的时间；

C_{t2} ——地铁车票成本。

根据调查数据可以得出，各种出行情况下不同方式的出行时间及出行费用，如表 7-2 所示。

各种出行情况下的不同方式出行时间和费用   表 7-2

出行方式	小汽车（高峰时段出行）		小汽车（错峰出行）		地铁	
概率（%）	10	90	80	20	60	40
出行时间（分钟）	60	69	40	50	72	74
出行费用（元）	26	35	26	35	5	5

（2）参照点的设置和风险偏好系数计算

参照点是衡量出行者出行行为"损失"或"收益"的标准。由于不同出行者的收入水平、时间价值等的差异性，这里理解为出行者对于出行的期望或感知成本，并随着出行方式的不同而不同。

$$U_{i,n}^{expected} = \mu_1 \theta_t T_{i,n}^{expected} + \mu_2 C_{i,n}^{expected} \qquad (7\text{-}3)$$

式中 $U_{i,n}^{expected}$ ——出行者 n 对出行方式 i 的期望出行成本；

      $T_{i,n}^{expected}$ ——出行者 n 对出行方式 i 的期望出行时间；

      $C_{i,n}^{expected}$ ——出行者 n 对出行方式 i 的期望货币成本。

风险偏好系数表示出行者面临风险时的态度，基于参照点的风险偏好系数计算为[3]：

$$\alpha_{i,n}, \beta_{i,n} = \left(1 - \frac{U_{i,n}^{expected}}{U_{i,n}^{M,expected}}\right)^{\delta} \qquad (7\text{-}4)$$

式中 $\alpha_{i,n}, \beta_{i,n}$ ——出行者 n 的风险偏好系数；

      $U_{i,n}^{M,expected}$ ——参照点的最大值；

      δ ——出行规模系数，$0 < \delta < 1$，可以根据样本量进行取值，这里取 0.2[4]。

7.2.2 通勤出行行为模型分析

根据前景理论模型及上面的各出行方式的出行成本、参照点的设置和风险偏好系数计算，进行不同交通措施下的小汽车通勤者的出行选择分析。

（1）风险偏好分析

由图 7-5 和图 7-6 可知，小汽车通勤出行者对出行方式选择存在个体差异性，奖励措施下出行方式选择行为为收益的出行者比例明显高于收费措施下，两者分别为 56% 和 14%。在奖励措施下，出行方式选择行为为损失和收益的出行者风险偏好系数均值分别为 0.78、0.74，标准差分别为 0.15、0.14。对于选择错峰出行者主要以收益占多，表现为风险规避；对于改用地铁的出行者中损失和收益比例相差不大，风险追求和风险规避现象都存在；而对于选择高峰时段出行的都为损失，表现风险追求。在收费措施下，选择行为为损失和收益的风险偏好系数均值分别为 0.76、0.56，标准差分别为 0.15、0.29，大部分出行者面临损失，表现为风险追求。

由图 7-7 可知，在奖励措施下，低收入群体出行方式选择行为中损失比例较高，以风

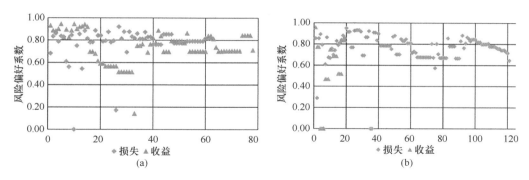

图 7-5　两种措施下出行者风险偏好系数分布图
(a) 奖励措施；(b) 收费措施

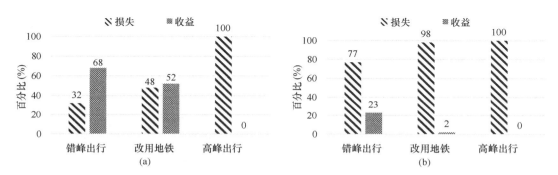

图 7-6　各出行方式选择群体中损失和收益的比例
(a) 奖励措施；(b) 收费措施

险追求行为为主；中高收入群体中收益的比例较高，表现为以风险规避为主。而在收费措施下，出行方式选择行为主要表现为风险追求。

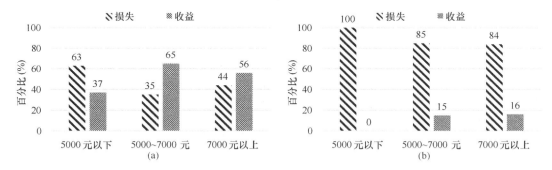

图 7-7　各收入层群体中损失和收益的比例
(a) 奖励措施；(b) 收费措施

（2）前景值与出行方式选择分析

表 7-3 显示，在引导小汽车通勤者从高峰时段出行向错峰出行转移时，奖励措施比较适用于中等收入群体，收费措施比较适用于高收入群体；在引导小汽车通勤者从高峰时段出行向地铁出行方式转移时，奖励措施比较适用于中等收入群体，收费措施比较适用于低收入群体。

<table>
<tr><td colspan="7" align="center">不同收入群体分出行方式的平均前景值（元）　　　　　　　表 7-3</td></tr>
</table>

收入	奖励措施			收费措施		
	小汽车错峰出行	改用地铁	小汽车高峰时段出行	小汽车错峰出行	改用地铁	小汽车高峰时段出行
≤5000 元	−0.23	−9.38	−14.16	−6.08	−15.28	−38.02
5000～7000 元	0.25	1.78	−24.56	−4.49	−19.98	−34.42
≥7000 元	0.05	−3.61	−23.94	−4.03	−19.34	−26.75

从表 7-4 看出，使用前景理论计算出的各方式的前景值，在两种措施下均是选择使用小汽车错峰出行时的前景值最大，其次是改用地铁出行和仍使用小汽车在高峰时段出行，与图 7-2 调查数据统计结果趋势相同。因此，前景理论适用于奖励和收费措施下的出行方式选择行为研究。

<table>
<tr><td colspan="3" align="center">总体前景值（元）　　　　　　　　　　　　表 7-4</td></tr>
</table>

出行方式	奖励措施	收费措施
小汽车错峰出行	0.09	−4.39
改用地铁出行	−4.20	−18.86
小汽车高峰时段出行	−22.9	−29.88

7.3　小结

奖励措施、惩罚措施是解决交通拥堵问题的两种重要措施，本章主要基于在北京市的调查数据，利用前景理论建立奖励和惩罚措施下的通勤出行行为模型，进行两种措施下的通勤出行行为的探索性研究，结论如下：

相对惩罚措施，大部分出行者更愿意接受奖励措施。奖励和惩罚措施对改变小汽车通勤者的出行选择行为具有一定的作用，主要是使其转向非早高峰时段出行和使用其他方式出行，奖励措施下小汽车通勤者更愿意选择早于早高峰出行，而惩罚措施中的收费措施对于出行者放弃小汽车出行有更好的效果。是否接送人和上班时间灵活性对通勤出行方式选择也有一定的影响，小汽车通勤者需要接送人时更倾向于选择早于早高峰出行，不需要接送人时更倾向于改用其他方式出行，且收费措施下向其他方式转移的比例更高。对于上班必须按时到达的人主要选择早于早高峰和改用其他方式出行，而对于上班无时间要求的人主要选择晚于早高峰出行和改用其他方式出行。

基于前景理论建立的通勤出行行为模型显示，前景理论适用于奖励措施和惩罚措施下的通勤出行选择行为分析，出行者对出行方式选择存在个体差异性，奖励措施下出行方式选择行为为收益的比例明显高于收费措施，出行者出行选择行为以收益为主，选择不同方式的群体呈现不同的风险偏好态度。在收费措施下，大部分出行者表现为风险追求。在引导出行者从使用小汽车高峰时段出行向错峰出行转移时，奖励措施比较适用于中等收入群体，收费措施比较适用于高收入群体；而在引导其向其他方式转移时，奖励措施比较适用于中等收入群体，收费措施比较适用于低收入群体。

本章参考文献

［1］　Kahneman D，Tversky A．Choices，values，and frames[J]．American Psychologist，1984，39(4)：341-350.

［2］　Geller E S．Applied behavior analysis and social marketing：An integration for envi-ronmental preservation[J]．Journal of Social Issues，1989，45(1)：17-36.

［3］　田丽君，黄海军．基于风险认知的出行行为建模与均衡分析[M]．北京：科学出版社，2012：18-20.

［4］　Santos G，Behrendt H，Teytelboym A．Part II：Policy instruments for sustainable road transport[J]．Research in Transportation Economics，2010，28(1)：46-91.

第8章　基于决策过程的出行方式选择行为研究

随着城市经济的快速发展，城市交通系统越来越完善，城市多种交通方式的协同运作，提高了交通运行效率，但伴随而来的交通问题也日益突出，也亟待解决，出行者是交通系统的主体，出行者交通行为的分析对制定交通政策具有重要的参考作用。人类决策行为是一个复杂的过程，既有主观因素的影响，也有许多外界环境因素的影响，出行者在进行出行方式选择决策时，往往也受多种因素的影响，经过多因素的综合考虑后做出选择决策。

本章将从心理学角度分析出行者的出行方式选择行为机理，利用决策场理论来分析包括小汽车、停车换乘（P&R）、公交＋地铁的多方式、多因素决策情景下的出行者决策过程规律。探讨在提供停车换乘设施服务时，出行者是如何对各种影响因素信息进行搜索、分析、对比，在多方式之间选择权衡进而做出决策的，并分析出行方式选择与决策时间、决策阈值和对小汽车初始偏好的关系。

8.1　心理决策过程实验设计方法

目前，国内外对于出行方式选择决策行为的研究，多是基于效用理论，建立非集计模型分析个人信息（性别、年龄、收入等）、出行方式信息（费用、时间）等对于出行方式选择的影响关系和影响程度。采用的主要方法是行为调查和意向调查，通过设计调查问卷获得个人出行行为数据，建立模型进行分析。而面对多种交通方式的选择决策时，一般需要消耗时间进行信息搜索、分析、对比的选择权衡，进而做出决策，因此，具有动态性的特点。基于效用理论的行为分析方法主要考虑影响因素与选择行为的关系，不考虑出行决策过程中出行者对各种影响因素信息搜索、分析、对比的思考过程，因此，不能深入分析认知能力、决策时间、信息记忆、信息搜索数量、注意力等因素对于决策行为的影响。

综上所述，由于传统行为调查方法不能获得心理决策过程信息的数据，且由于人类决策行为过程的复杂性和实验手段的限制，准确记录出行者进行方式选择的心理决策过程比较困难，因此，需要新的实验方法来获取心理决策过程信息的数据。基于心理学的动态认知决策方法，可以分析人的潜在思考过程，更关注根据心理需求来解释人类决策行为。因此，出行行为研究在分析决策行为的动机和认知机制的基础上，向多因素影响的心理决策过程方向发展。通过出行方式选择心理决策过程实验设计，获得决策时间、初始偏好、信息记忆、注意程度等决策过程数据，可用于从决策过程上分析出行方式选择决策行为，将有助于从更深层次上认识出行行为规律，也可为交通政策的制定提供参考。

8.1.1　实验方法选取

决策过程是指个体持续加工信息的过程，决策过程研究要以信息加工过程的各种现象为对象，其中，最直接、有效的方法就是过程追踪（Process Tracing）。

过程追踪的思路是基于决策的认知加工理论，采用各种过程追踪技术，动态的分析决策活动，尝试了解决策过程中各种心理因素对于决策行为的影响。有三种主要的过程追踪技术，即口语报告技术、信息显示板技术和眼动搜索技术。由于信息显示板技术弥补了口语报告技术和眼动搜索技术的某些不足，简单易懂、直观，能够较为详尽地说明决策过程中的内在心理活动。因此，这里采用信息显示板技术并加以改进来设计出行决策过程信息获取实验。

8.1.2　实验设计步骤

以出行者进行多种出行方式选择时的心理决策过程为对象，设计心理决策过程实验。将行为调查方法和过程追踪技术相结合，应用行为调查中的行为调查（RP）和意向调查（SP）方法获得出行者的出行信息，并构建决策情景，提出出行方式选择心理决策过程各种信息的获取方法。在实验实施中，应用过程追踪技术记录决策者的信息搜索过程信息，获得了决策时间、偏好等实验数据。最后运用统计分析的方法提取出行者的心理决策过程行为特征。

以出行方式选择为例，实验设计步骤如下：

（1）心理决策过程实验设计

1）出行者个人基本信息

个人基本信息包括性别、年龄、职业、收入等，对不同的信息设置不同的选项内容。

2）用行为调查方法获得出行者日常出行信息

行为调查是已实现的选择性行为的调查，这里主要包括三方面的日常出行信息：

上班/上学出行的出行方式，给出可供选择的出行方式选项。出行经验往往对出行方式选择心理决策过程产生一定的影响，为了得到出行者已往出行经验的积累情况，这里用出行者对各种方式的初始偏好来表示，设计方法是给定几种日常的出行目的，以及可供选择的出行方式选项。被试快速选出在各种出行目的下呈现在头脑中使用的出行方式。

为了获得出行者在出行方式选择决策过程中对各种因素的注意程度，注意程度大的因素其信息可能会被多次搜索、对比、分析。设计方法是对出行方式选择影响因素进行重要性程度评估，首先选择出行者进行出行方式选择时经常会考虑的因素，然后对每个因素进行重要程度打分，重要性程度选项为：1代表很不重要；2代表不重要；3代表一般重要；4代表比较重要；5代表很重要。

3）用意向调查方法创建虚拟决策情景

SP意向调查是在假设条件下，选择主体希望如何选择及如何考虑的选择意向调查。为了获得出行者进行出行方式选择时的心理决策过程信息，需要设计呈现给被试的出行方式选择虚拟决策情景，并以图的形式直观地呈现给被试，情景图底图可以选择有道路、轨道交通线路等交通信息的交通地图，图中标识出行的出发地、目的地信息，并用文字说明给出可供选择的出行方式。确定各种与出行方式选择有关的主要影响因素信息，并通过信息矩阵形式给出，对于可以量化的因素信息给出具体数值，对于无法量化的影响因素信息，可以用文字描述。

（2）心理决策过程实验实施

基于建立的虚拟决策情景，设计信息搜索界面，以 $m \times n$ 矩阵方式呈现信息阵列，m 为备选出行方式，n 为出行方式选择的影响因素，其矩阵单元格为虚拟决策情景中设置的因素信息，被试通过搜索和比较各种出行方式的各因素信息，进而做出方式选择。这样可以动态地记录、分析被试信息搜索、对比的操作，进而可以提取其决策过程的信息。

具体实施过程为，在信息搜索界面只呈现出行方式和影响因素的名称，具体信息值隐藏。被试必须点击所要察看因素信息的名称，此因素信息会显现，在思考对比之后，再点击查看下一个因素信息，上一个因素信息不隐藏。每查看完两个影响因素信息，需要给出此时对每种方式的偏好意向程度，包括无意向、弱、中、强四个选项。为了分析信息搜索过程中信息记忆程度对多次信息搜索产生的出行方式选择偏好的影响，当信息记忆衰退时，表示前一时刻的信息搜索、对比、分析产生的出行偏好到当前时刻会衰减，当信息记忆增强时，表示前一时刻的信息搜索、对比、分析产生的出行偏好到当前时刻会增强。其实验设计方法是在第二次对几种方式偏好意向程度进行选择时，需要根据记忆给出第一次对几种方式的偏好意向程度选择的结果，以此来分析决策者对信息记忆的情况。

整个信息搜索、对比、分析过程对查看因素数量和时间都没有限制，直到被试可以做出方式选择决策时，选择一种出行方式，实验正式结束。为了让被试熟悉信息搜索界面和操作过程，可以给出一个信息搜索的简单示例，被试熟悉实验过程后再进行正式实验。整个实验过程流程如图 8-1 所示。

以上实验内容可以采用 Microsoft Visual Studio、Visual Basic、C♯ 等编程实现界面的设计，界面中应包括对实验的必要解释和操作文字说明，选项通过按钮形式呈现，被试根据实验设计内容在计算机上按照实验提示完成实验内容。实验过程中计算机自动记录上述实验数据到指定的文件，包括实验设计中各内容选项的选择结果，被试搜索察看因素信息的名称、查看时间、顺序、不同时刻偏好意向程度的选择情况、出行方式的选择结果等。实验可以通过发送实验网址或发送实验程序等形式完成。

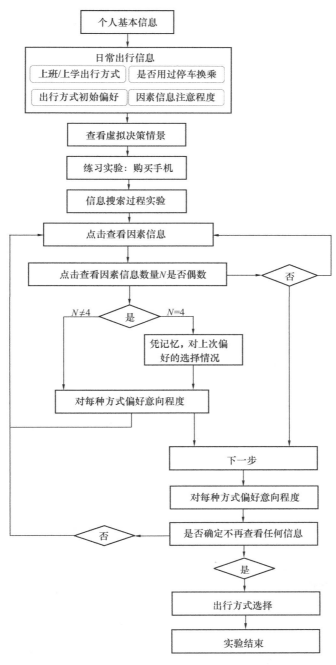

图 8-1　心理决策过程实验流程图

8.2　出行方式选择决策过程实验

根据以上心理决策过程实验的设计方法，以包含小汽车、停车换乘（P&R）、公交＋地铁的多方式多因素决策为研究对象，进行实验设计和实施，得到出行方式选择心理决策过程数据，并进行初步分析。

8.2.1 出行方式选择决策过程实验内容

（1）个人基本信息

个人基本信息包括性别、年龄、职业、收入、家庭拥有小汽车数量。其选项设置为：

性别：男、女；

年龄：≤20岁、21～30岁、31～40岁、41～50岁、51～60岁、≥60岁；

职业：公务员、事业单位人员、高级管理人员、专业技术人员、自由职业者、大中专学生、工人、其他；

收入水平（元/月）：0～2000、2001～4000、4001～6000、6001～8000、8001～10000、>10000；

家庭拥有小汽车数量：1辆、2辆、3辆、≥4辆。

（2）日常出行信息

日常出行信息包括上班/上学出行的交通方式、是否使用过停车换乘设施、对各种出行方式的初始偏好和对各种因素的注意程度。其选项设置为：

上班/上学出行的出行方式（可多选）：公交、小汽车、停车换乘（小汽车＋地铁）、公交＋地铁、其他。

是否使用过停车换乘设施：是、否。

对各种出行方式的初始偏好：给定访友、买衣服、出去吃饭、看电影、去超市、去公园、去书店、去医院八种日常出行目的。被试快速选出在各种出行目的下呈现在头脑中使用的出行方式，出行方式选项为公交、小汽车、停车换乘（小汽车＋地铁）、公交＋地铁、其他。

出行者在出行方式选择心理决策过程中对各种因素的注意程度：出行者在出行方式选择时经常会考虑的因素包括：驾车时间、换乘步行等车时间、乘车时间、燃油费、公交、地铁车票费、停车费、乘坐舒适性、交通运行情况、换乘次数。对每个因素进行重要程度打分。

（3）创建虚拟决策情景

给定出行方式选择决策情景，为从家（北京昌平区北七家镇）到达工作地（北京东直门附近）的出行方式选择，底图为北京市电子地图，图中标注家和工作地位置，可选出行方式为三种：小汽车、公交＋地铁、停车换乘。被试需要搜索、对比、分析影响因素信息，然后做出出行方式选择。影响因素信息如表8-1所示。

各种交通方式影响因素信息表　　　　　　　　　表8-1

影响因素	出行时间（分钟）			出行费用（元）			舒适性	交通运行情况	换乘次数
	驾车时间	换乘等车时间	乘车时间	燃油费	公交票价	停车费			
小汽车	90	3	0	15	0	8	舒适（2）	拥堵，不一定准时到达（9）	0
公交＋地铁	0	12	65	0	4	0	拥挤（9）	一般，可以准时到达（2）	1
停车换乘	12	8	40	3	2	2	拥挤（7）	一般，可以准时到达（1）	1

其中，出行时间、出行费用、换乘次数为连续变量，舒适性和交通运行的拥堵程度在实验中采用文字描述，在数据分析时作为分类变量，取值区间为 1～10。舒适性水平 1 代表车内乘坐很舒适，10 代表车内乘坐很不舒适，交通拥堵程度，取值区间为 1～10，1 表示交通运行通畅，10 表示交通拥堵程度很高，表中括号内数字表示对变量水平的赋值。

8.2.2　出行方式选择决策过程实验实施

实验设计内容采用 Microsoft Visual Studio 2010 编程实现界面的设计，界面中有针对实验的必要解释和操作文字说明，选项通过按钮形式呈现。在信息搜索界面呈现如表 8-1 所示的影响因素信息矩阵，具体信息值隐藏，被试点击查看因素信息名称时，此因素的全部信息会显现并一直处于显示状态。每查看完两个影响因素信息，需要给出此时对三种方式的选择偏好意向程度。在第二次对三种方式的偏好意向程度进行选择时，需要根据记忆选出第一次对三种方式的偏好意向程度的选择情况。

出行方式选择心理决策过程实验设计界面如图 8-2～图 8-9 所示。

整个实验过程对查看因素数量和时间都没有限制，直到被试根据已经查看的信息可以做出方式选择决策时，可以点击"下一步"，选择一种出行方式。实验开始时会给出购买手机的信息搜索简单示例，让被试熟悉实验过程后再进行正式实验。

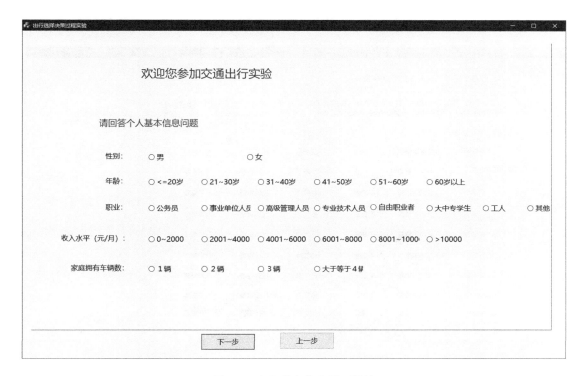

图 8-2　个人基本信息界面设计

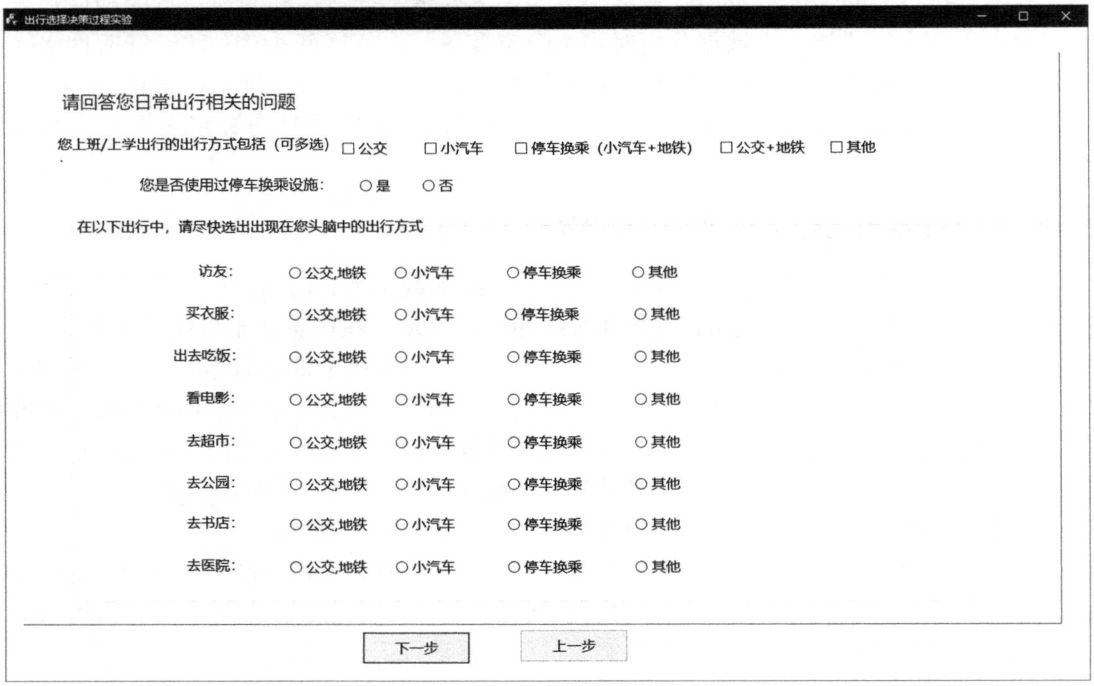

图 8-3　日常出行信息界面设计

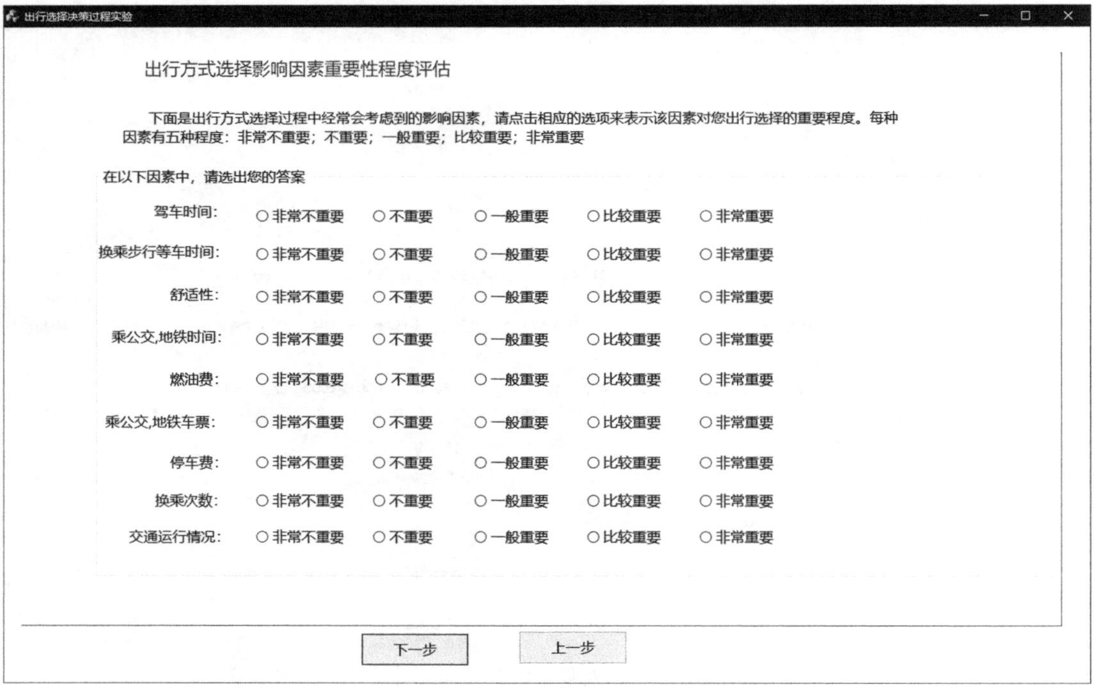

图 8-4　影响因素关注程度评估界面设计

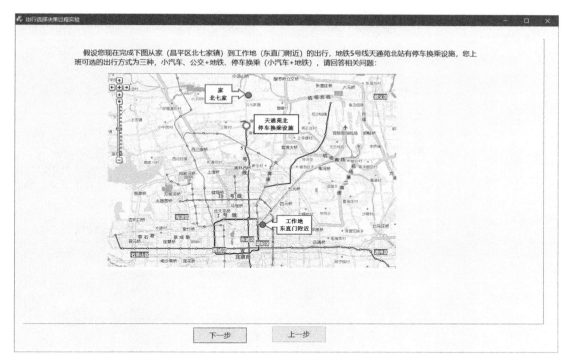

图 8-5　决策情景界面设计

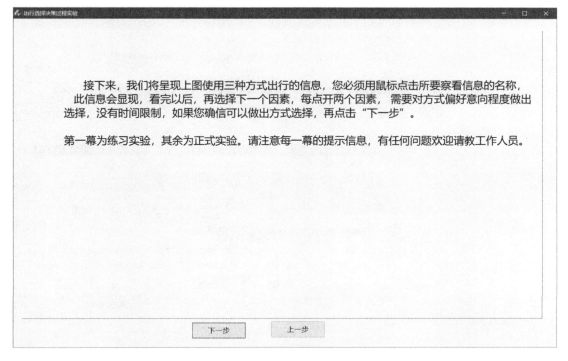

图 8-6　实验提示界面设计

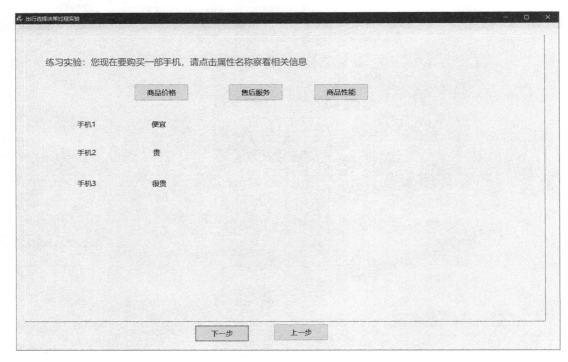

图 8-7　练习实验界面设计

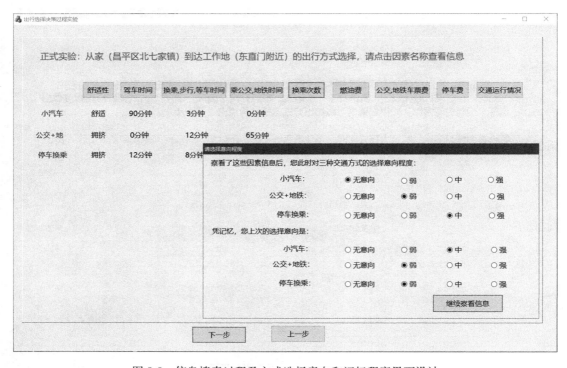

图 8-8　信息搜索过程及方式选择意向和记忆程度界面设计

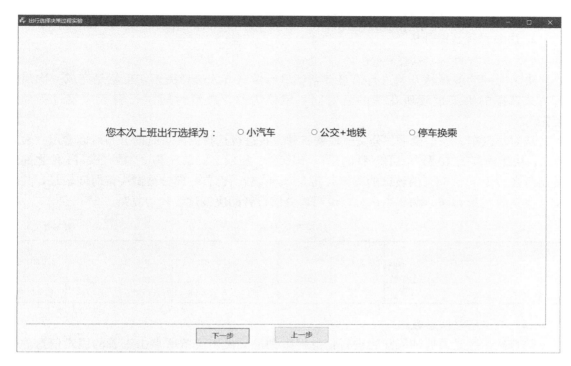

图 8-9　出行方式选择界面设计

实验过程中计算机自动记录上述实验数据到指定的 Excel 文件中。实验对象为家庭有车且开过车的人，其对于停车费、燃油费等出行因素有一定的认知。实验实施时间为2012 年 5～6 月，调查采用发送电子实验文件包的方式，被试在自己的电脑上按照提示完成实验内容，并在指定时间返回实验数据文件。实验共回收样本 124 份，其中，有效样本107 份。

8.2.3　出行方式选择决策过程数据初步分析

根据实验数据，运用统计分析方法对个人基本信息、日常出行信息和决策过程信息进行提取分析，获得以下内容。

1. 个人和日常出行信息分析

（1）出行者个人基本信息

性别分布：68％为男性，32％为女性。

年龄分布：90％的人的年龄分布在 21～40 岁之间。

职业分布：主要为公务员、事业单位人员、专业技术人员。

收入分布：83％的人的月收入为 2000～10000 元。

家庭拥有小汽车数量分布：92％的人拥有 1 辆小汽车，8％的人拥有 2 辆小汽车。

（2）日常出行信息分析

日常上班/上学使用的出行方式分布：选择公交、小汽车、停车换乘（小汽车＋地铁）、公交＋地铁、其他出行的比例分别为 27.4％、40.2％、8.2％、17.8％、6.4％。说明对于该群体日常以使用小汽车出行为主，其次是公交。

仅有13%的人使用过停车换乘设施。

2. 决策过程数据分析

（1）决策时间

决策时间为被试从开始进行信息搜索到最后做出方式选择决策，也就是完成一次出行方式选择的决策过程所花费的总时间，单位为秒。决策时间越长表示决策过程越复杂。

从对小汽车、停车换乘、公交＋地铁三种方式进行选择的决策时间分布可以看出（表8-2），决策时间为10秒＜t≤20秒的出行者居多，占24%，其次为30秒＜t≤40秒之间的出行者占19%。68%的被试的决策时间为t≤40秒。也有一部分被试决策时间较长，其中，决策时间为t＞60秒的占10%，说明部分出行者的决策过程较为复杂。

决策时间分布   表8-2

决策时间 t（秒）	t≤10	10＜t≤20	20＜t≤30	30＜t≤40	40＜t≤50	50＜t≤60	60＜t≤70	70＜t≤80	t≥80
百分比	0.13	0.24	0.12	0.19	0.11	0.09	0.07	0.01	0.02

（2）决策信息搜索数量

信息搜索数量为被试从开始进行信息搜索到最后做出决策所点击查看的因素信息总量，用来作为评价出行者决策过程中分析信息多少的指标。

从信息搜索数量分布表8-3可以看出，因素信息搜索总量为9个、8个的居多，分别占44%和21%，因素信息搜索数量小于等于4个的比例占17%，说明也有一部分被试查看了少量的信息就做出了出行方式选择决策，搜索因素信息数量为10个的占8%，说明一部分被试重复点击查看了相关的因素信息，进而做出了出行方式选择决策。

因素信息搜索数量、深度分布   表8-3

信息搜索数量	1	2	3	4	5	6	7	8	9	10
信息搜索深度	0.11	0.22	0.33	0.44	0.56	0.67	0.78	0.89	1.00	1.11
百分比	0.01	0.10	0.02	0.04	0.01	0.09	0.00	0.21	0.44	0.08

（3）决策信息搜索深度

信息搜索深度为信息搜索数量与因素信息总数的比值，其值越大，表示被试经过多个信息的分析、比较、权衡，决策过程中往往会使用补偿性的决策策略，越小表示决策者更多采用了非补偿的决策策略。

本次实验中的影响因素总共为9个，即因素信息总数为9。从信息搜索深度分布表8-3中可以看出，信息搜索深度为1.00、0.89、1.11的分别占44%、21%、8%，说明，大多数被试都是经过多次信息的分析、对比、权衡过程，在决策过程中使用了补偿性的决策策略。

（4）决策信息搜索模式

决策的信息搜索模式（PS）包括基于选项的信息检索模式和基于属性的信息检索模式。信息搜索模式值在−1～1之间。正值表示决策者更多使用的是补偿性的决策策略，而负值则表示决策者更多使用的是非补偿性的决策策略。

从图 8-10 中可以看出，有 39% 的被试搜索模式值位于 −1~0 之间，其中搜索模式为 −1~0.8 的占 18%，主要是基于属性的信息搜索模式，多使用的是非补偿性的决策策略。有 61% 的被试其搜索模式值位于 0~1 之间，其中，搜索模式值为 0.8~1 的占 19%，主要是基于选项的信息搜索模式，多使用的是补偿性的决策策略。此外，还有 14% 的人的搜索模式值位于 0~0.2 之间，处于中间位置，其搜索模式可以认为是混合的，使用的是补偿性决策策略和非补偿性决策策略。

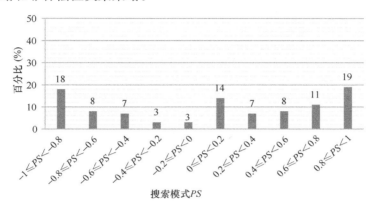

图 8-10　信息搜索模式分布

（5）决策信息搜索的变异性

决策信息搜索的变异性（VS）是通过决策者在各选项上查看信息单元比例的标准差来获得。变异性值越大，表示决策者更多地使用了非补偿性的决策策略。

从图 8-11 中可以看出，有 42% 的被试其信息搜索变异性值在 0~0.02 之间，有 22% 的被试其信息搜索变异性值在 0.02≤VS<0.04 之间，说明大多数决策者在每个选项上检索的信息数量差异不大。

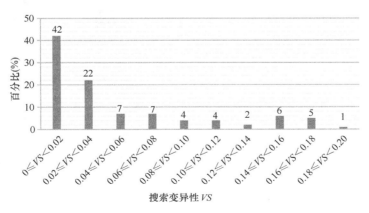

图 8-11　信息搜索变异性分布

（6）不同方式选择群体的决策过程信息汇总分析

将选择不同出行方式的群体分别统计其决策过程信息，得到表 8-4 所示的内容。

不同出行方式选择群体的决策过程信息汇总　　　　　　　　　　表 8-4

出行方式	决策时间（秒）	信息搜索深度	信息搜索模式（PS）	信息搜索变异性（VS）
小汽车	32.091	0.582	0.064	0.029
公交＋地铁	23.147	0.554	−0.102	0.043
停车换乘	34.458	0.543	0.107	0.052

从表 8-4 中可以看出，从决策时间来看，小汽车出行者中转向选择停车换乘的决策时间最长，转向选择公交＋地铁的群体的决策时间最短。说明，如果选择停车换乘，需要花费更长的时间进行搜索信息、处理加工，并做出决策。

从信息搜索深度来看，三个不同出行方式选择群体的差异性不大。从信息搜索模式来看，对于转向选择停车换乘的小汽车出行者更倾向使用基于选项的信息搜索模式，而转向选择公交＋地铁的小汽车出行群体更倾向于使用基于属性的信息搜索模式。从信息搜索的变异性看，转向选择停车换乘的小汽车出行群体信息搜索的变异性最大。

总体来看，小汽车出行者如果转向使用公共交通出行，尤其是转向停车换乘出行，小汽车出行者主要使用的是基于选项的偏补偿性的决策策略，信息搜索变异性较大，且需要花费更长的决策时间去与现有出行方式对比权衡，综合来做出停车换乘的选择。

3. 决策策略的选择分析

为了分析出行者的决策策略使用情况，这里将决策过程的信息搜索模式和信息搜索变异性两个指标综合起来判断出行者使用的决策策略，具体见第 4.2.3 节"2. 基于信息显示板实验的数据分析"，这里包括线性加和策略、组合决策策略、累加差异策略、方面消除策略，根据调查数据，得到如图 8-12 所示的不同出行方式选择群体的决策策略使用比例分布。

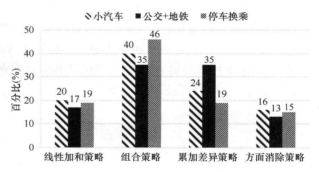

图 8-12　不同出行方式选择群体的决策策略使用比例分布

从图 8-12 中可以看出，小汽车出行者在进行多方式出行选择时，使用组合决策策略的出行者最多，其中，继续选择小汽车出行的群体使用组合决策策略的比例为 40%，转向选择公交＋地铁出行的群体使用组合决策策略的比例为 35%，转向使用停车换乘出行的群体使用组合决策策略的比例为 46%。其次使用较多的决策策略为累加差异策略和线性加和策略，使用方面消除策略的人最少。

决策策略选择与影响因素的相关性分析　　　　　　　　　　表 8-5

影响因素	相关性指标	决策时间	信息搜索深度	决策策略
性别	Pearson 相关系数	0.066	0.060	0.075
	Sig.（2-tailed）	0.528	0.563	0.473
年龄	Pearson 相关系数	0.202	0.164	−0.286**
	Sig.（2-tailed）	0.050	0.115	0.005

续表

影响因素	相关性指标	决策时间	信息搜索深度	决策策略
收入	Pearson 相关系数	0.059	−0.017	−0.080
	Sig.（2-tailed）	0.572	0.870	0.445
是否使用过停车换乘出行	Pearson 相关系数	0.186	0.124	−0.210*
	Sig.（2-tailed）	0.073	0.235	0.042
决策时间	Pearson 相关系数	1	0.512**	−0.234*
	Sig.（2-tailed）		0.000	0.023
信息搜索深度	Pearson 相关系数		1	−0.171
	Sig.（2-tailed）			0.100

备注：*、**分别表示相关性双侧显著性水平为 0.05 和 0.01。

这里选择性别、年龄、收入、是否使用过停车换乘出行几个因素，其中，性别中"男"赋值为"1"，"女"赋值为"2"，是否使用过停车换乘出行中"是"赋值为"1"，"否"赋值为"2"，此外，还包括决策时间和信息搜索深度，并将选择策略中线性加和策略、组合策略、累加差异策略、方面消除策略分别赋值为"1""2""3""4"，进行相关性分析。

从表 8-5 可以看出，年龄、是否使用过停车换乘设施、决策时间与决策策略的选择具有较大的相关性。其中，年龄与决策策略的选择呈现负相关，说明年龄越大，越容易使用基于选项的信息搜索模式，倾向于使用补偿性的决策策略。是否使用过停车换乘出行与决策策略选择为负相关，说明使用过停车换乘的人更容易使用基于属性的信息搜索模式，倾向于使用非补偿性的决策策略。决策时间与决策策略的选择呈现负相关，说明决策时间越长，出行者更倾向使用基于选项的信息搜索模式和补偿性决策策略。此外，决策时间与决策信息搜索深度呈现正相关，表示决策时间越长，出行者搜索的信息越多。

8.3　出行方式选择决策过程模型

根据实验数据，基于决策场理论，设定模型的参数，建立出行方式选择决策过程模型，采用一定的模型预测方法分析动态决策过程，并与实验结果数据进行对比分析。

8.3.1　模型参数的设置

（1）对各种因素信息的注意程度 $W_j(t)$ 取值

根据对影响因素的重要性程度打分，设影响因素为 J 种，分别统计所有被试对于影响因素 j 的打分，得到所有被试对于影响因素 j 的重要性程度评价合计分值 Sum_j，则影响因素 j 的注意程度指标值为 $F_j = Sum_j / \sum_{j=1}^{J} Sum_j$，以此作为模型注意力随属性或影响因素不断转移变化的注意程度值。

表 8-6 为出行者对各种因素信息的注意程度汇总表，可以看出，出行者对于交通运行情况、换乘次数、换乘、等车时间信息比较关注。因此，改善换乘公交服务水平，如减少

换乘次数、换乘方便等，将有助于提高选择停车换乘出行的比例。

各种因素信息的注意程度 表 8-6

影响因素	出行时间（分钟）			出行费用（元）			舒适性	交通运行情况	换乘次数
	驾车时间	换乘等车时间	乘车时间	燃油费	公交票价	停车费			
注意程度	0.118	0.124	0.119	0.095	0.068	0.107	0.113	0.133	0.124

（2）反馈矩阵 S 取值

自反馈参数 S_{ii} 的取值，是将第二次凭记忆对第一次各出行方式的意向偏好程度的选择结果与第一次意向偏好程度选择结果比较。对某一出行方式，两次选择结果相同记为 1，不相同则记为 0。统计所有样本选择结果的匹配情况，汇总得到选择结果相同的个数，并将正确率作为总体样本信息记忆的程度。计算得到信息记忆程度为 0.915，即设自反馈参数 S_{ii}，$S_{11} = S_{22} = S_{33} = 0.915$。说明，在决策过程中，信息记忆对决策过程有较大的影响。

选项间抑制参数 $S_{ik} = S_{ki}$，通过计算选项在属性空间的距离来得到，根据模型预测结果与实验数据的比较，这里选取误差较小的计算方法，即式（3-47）来计算选项间的抑制参数。

（3）初始偏好 $P_i(0)$

初始偏好代表决策者对于已有出行经验的积累，为了得到对各种出行方式的初始偏好 $P_i(0)$，设日常出行目的为 K 种，根据被试在各种出行目的 k 下快速选用的出行方式数据，分别统计在各种出行目的下选用各种方式的数量 M_{ki}，汇总得到每种出行方式选择总数量 $R_i = \sum_{k=1}^{K} M_{ki}$，则决策者对各种交通方式的初始偏好可以表示为 $P_i(0) = R_i / \sum_{i=1}^{m} R_i$，$m$ 为出行方式数量。

根据实验数据计算得到，决策者对小汽车、公交＋地铁、停车换乘、其他方式的初始偏好分别为 66.36％、26.87％、1.05％、5.72％，这说明，小汽车出行者对小汽车的初始偏好比较大，而由于这种对小汽车的初始偏好，很可能会减少决策过程中对信息搜索、对比、分析的过程，一味地偏爱使用小汽车出行。

（4）其他模型参数的设置

设模型误差项 $\varepsilon_i(t)$ 服从均值为 0、方差为 1 的正态分布。

决策步长 h 为 1。

这里采用计算机仿真的方法进行模型预测，使用 Matlab 软件编程进行仿真计算，每种情景下的方式选择决策的仿真次数为 20000 次。

8.3.2 模型标定结果对比分析

根据以上影响因素的取值和模型参数的设置，为了避免不同影响因素类型和量纲的影响，将表 8-1 中的各种交通方式影响因素信息表进行属性数据的预处理，即标准化，然后再进行模型的预测。

给定模型最大停止时间 $T = 100$，在给定不同的决策停止时间（0～100）的条件下，选择该停止时刻具有偏好最大值的选项作为最后的选择结果，得到各出行方式选择概率和最大偏好值随时间变化的趋势图，如图 8-13、图 8-14 所示。

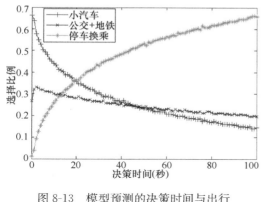 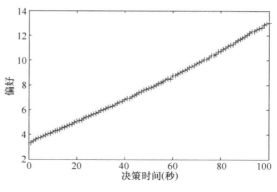

图 8-13 模型预测的决策时间与出行
方式选择的关系

图 8-14 模型预测的决策
时间与偏好最大值的关系

图 8-13 为模型预测得到的决策时间与出行方式选择的关系，可以看出，随着决策停止时间的增加，选择小汽车出行的概率逐渐减小，选择停车换乘出行的概率逐渐增加，选择公交＋地铁出行的概率逐渐减少，但是比较平缓，基本在 20％～30％ 范围内。

模型预测得到的决策时间与偏好最大值的关系如图 8-14 所示，随着决策停止时间的增加，该时刻做出决策时的累计偏好最大值也是逐渐增加的。

根据出行方式选择决策过程实验数据，将被试做出方式选择的决策时间进行分段，统计得到不同决策时间段内各出行方式的选择比例，进而得到各种出行方式选择比例随决策时间变化的趋势图，如图 8-15 所示。

图 8-15 的变化趋势与模型预测的结果基本吻合，即随着决策时间的增加，选择小汽车出行的比例逐渐减小，选择停车换乘出行的比例逐渐增加，选择公交＋地铁出行的比例逐渐减少。说明，在多因素多方式选择决策时，增加决策者的决策时间，将有助于增加小汽车出行者选择停车换乘出行的概率。因此，采取必要的交通干预措施，如为出行者提供停车换乘设施信息服务，促进决策者进行理性地决策思考，增加决策者的思考时间，将有助于提高小汽车出行者对停车换乘选择的比例。

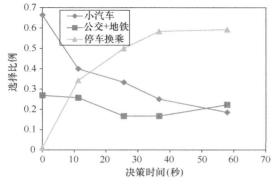 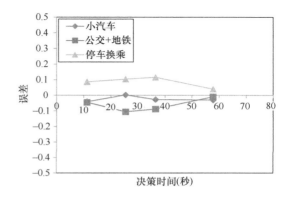

图 8-15 基于实验数据的决策
时间与方式选择的关系

图 8-16 实验数据与模型预测结果的误差

实验数据统计结果与模型预测结果的误差如图 8-16 所示，各种出行方式的选择比例最大误差为-0.116，最小为0.002，有58.3%的误差绝对值在$0\sim0.05$范围内。

总体上看，建立的出行方式选择决策过程模型比较可靠，其参数取值恰当，可以用来进行出行方式选择决策过程的分析。

8.4 出行方式选择决策过程分析

由于决策者对于属性因素考虑的随机性，决策者在决策中对选项的偏好累积过程也各不相同。偏好累计过程可以反映不同决策者对于多方式选择的动态思考过程，因而，可以分析不同类型的出行者决策方式的差异性。如有些人会表现出犹豫不决的心理状态，不断在多方式间权衡，很长时间才能做出选择，有些人是简单的决策过程，需要较短的时间就可以做出选择。

这里将决策阈值设为15，并假设出行者进行出行方式选择时具有初始偏好，对一次仿真的偏好累积过程进行分类分析。主要包括三种决策过程：方式选择偏好的简单累积过程、多方式选择权衡决策过程、方式选择偏好反转过程。

8.4.1 多方式选择偏好的简单累积过程

图8-17为出行方式选择偏好的简单累积过程，可以看出，随着考虑因素的增加，决策者对于出行方式的选择偏好状态呈现简单累积过程，不存在多方式选择偏好交替占优和选择偏好反转现象。出行者对某一种出行方式的偏好累计值呈现逐渐增加或减少的趋势，没有大幅度的波动，属于简单的决策过程。这种决策过程的决策时间较短，一般在35个决策步长以内，且出行者在整个决策过程中考虑的因素相对较少，也体现了出行者决策过程中认知能力的有限性。

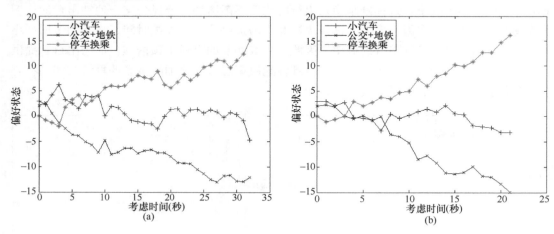

图8-17　方式选择偏好的简单累积过程

8.4.2 多方式选择权衡决策过程

图8-18为多方式选择权衡的偏好累积过程，可以看出，决策者在考虑出行方式选择的动态决策过程中，随着决策时间的增加，对各种交通方式的累积偏好状态是波动变化

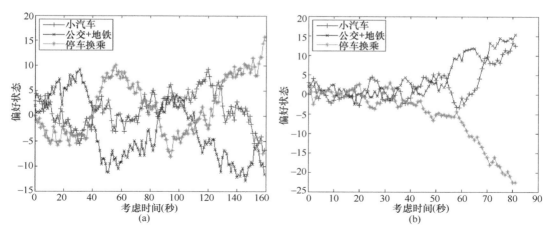

图 8-18　多方式选择权衡决策过程

的，呈现出多方式选择偏好交替占优的现象，即有时对小汽车的选择偏好状态占优，有时对停车换乘的选择偏好状况占优，有时对公交＋地铁的选择偏好状态占优。如果给定不同的决策停止时间，则出行者在不同的时刻会选择不同的出行方式。存在多方式之间进行选择权衡的决策过程，反映了出行者决策行为中犹豫不定的心理状态，由于这里没有决策停止时间的限制，所以直到某一种出行方式的累积偏好达到决策阈值，才能做出选择。且从图 8-18 中横轴决策时间可以看到，做出最后决策的时间有的达到了 160 个决策步长，整个方式选择过程的决策时间相对较长。

8.4.3　多方式选择偏好反转过程

图 8-19 为多方式选择偏好反转的偏好累积过程，可以看出，在多方式选择决策过程中，存在着出行方式选择偏好反转的现象，即在一段时间内出行者对某一种出行方式的选择偏好占优状态会被另外一种出行方式替代。图 8-19（a）为由对停车换乘的选择占优转向公交＋地铁占优的过程，图 8-19（b）为由对小汽车的选择偏好占优转向停车换乘占优的过程，反映出出行者在一段时间内偏好某一种出行方式，但是经过认知思考，随着考虑

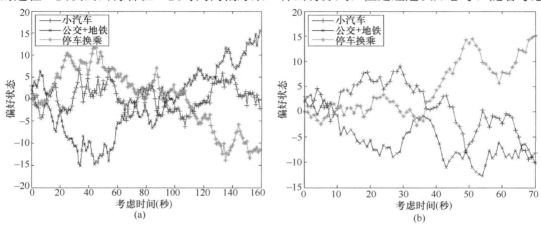

图 8-19　方式选择偏好反转过程

因素的增加，也会转向选择其他方式出行，方式选择偏好反转过程的决策时间相对较长。

8.5　出行方式选择决策过程影响因素分析

8.5.1　决策阈值对出行方式选择决策的影响

决策阈值对于决策行为具有重要的影响。在一定程度上决策阈值也反映了个体差异在决策行为中的影响，冲动的人适宜低的决策阈值，谨慎的人适合高的决策阈值。

这里假设出行者的决策阈值的最大取值为 25，出行者对出行方式的选择具有初始偏好，分析不同决策阈值下的方式选择和决策时间的变化情况。每种情况进行 20000 次仿真，进而计算各种出行方式选择的概率和平均决策时间。

从图 8-20 可以看出，随着决策阈值的增加，小汽车出行者中仍然选择小汽车出行的概率逐渐减少，选择停车换乘出行的概率逐渐增加，选择公交＋地铁出行的概率总体上逐渐减少，趋势比较平缓。当决策阈值小于 8 时，仍然选择小汽车出行的概率均大于选择停车换乘和公交＋地铁出行的概率，这时主要选择小汽车出行。当决策阈值大于 8 时，经过认真地信息搜集、对比思考过程后，小汽车出行者选择停车换乘出行的概率大于小汽车和公交＋地铁，并逐渐增加。说明，冲动的人容易选择小汽车出行，而谨慎的人容易转向选择停车换乘出行。由于公交、地铁出行方式在舒适性等方面的服务水平目前还比较低，因此，选择公交出行的比例较小。

图 8-21 为决策阈值与决策时间的关系，随着决策阈值的增加，需要更多的偏好累积才能达到决策阈值，因此，决策时间也是逐渐增加的。

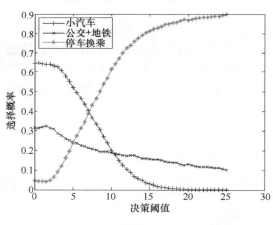

图 8-20　决策阈值与方式选择的关系

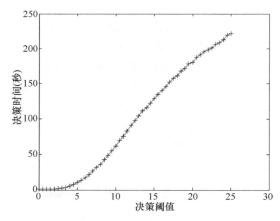

图 8-21　决策阈值与决策时间的关系

8.5.2　初始偏好对出行方式选择决策的影响

从图 8-22 中可以看出，随着对小汽车初始偏好程度的增加，也就是对小汽车依赖性的增加，选择小汽车出行的概率逐渐增加，选择停车换乘出行的概率逐渐减少。当对小汽车的初始偏好值接近且大于 5 时，选择小汽车出行的概率开始大于停车换乘和公交＋地铁的选择概率，且逐渐增加。

图 8-23 显示，决策时间随着对小汽车初始偏好的增加而减小，说明由于对小汽车的初始偏好，减少了小汽车出行者认真思考决策的过程，从而减少了决策时间。

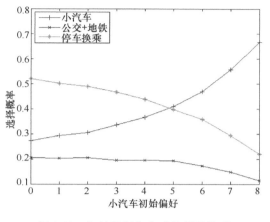

图 8-22　初始偏好与方式选择的关系

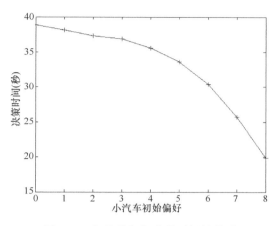

图 8-23　初始偏好与决策时间的关系

因此，要提高小汽车出行者向停车换乘选择的比例，就要克服小汽车出行者对小汽车的依赖性，如通过采用换乘免费乘坐公交的方式来改变决策环境，从而减少小汽车出行者对小汽车出行的依赖性。

8.5.3　换乘公交服务水平及停车费对出行方式选择决策的影响

为了促进小汽车出行者向公共交通出行方式的转换，需要对各种因素对出行方式选择的影响进行分析，以下主要分析换乘公交舒适性水平和换乘设施停车费对小汽车出行者出行决策行为的影响。

这里设置换乘公交、地铁的舒适性水平为在 1～10 之间变化，舒适性水平 1 代表车内乘坐很舒适，10 代表车内乘坐很不舒适，换乘设施停车费为在 0～10 元之间变化，分析两因素变化情况下的出行方式选择和决策时间的变化情况。

从图 8-24（a）中可以看出，随着换乘公交、地铁舒适性水平的提高和换乘设施处停车费的减少，小汽车出行者中转向选择停车换乘的概率逐渐增加，当停车换乘设施停车费大于 6 元且换乘公交＋地铁舒适性水平位于 7～10 之间时，小汽车出行者不会选择停车换乘出行，图 8-24（b）为选择停车换乘设施的点的二维分布。

从图 8-24（c）可以看出，当停车换乘设施停车费较高，且换乘公交＋地铁不够舒适时，其小汽车出行者此时的决策时间比较长，说明此时出行者做出方式选择决策的思考过程较长，需要基于多因素对多方式进行权衡。而当公交服务水平提高和换乘设施停车费减少的情况下，小汽车出行者对停车换乘出行方式的累积偏好占优，决策时间减少。因此，要增加小汽车出行者的停车换乘选择比例，就要不断提高公交服务水平和减少换乘设施停车费。

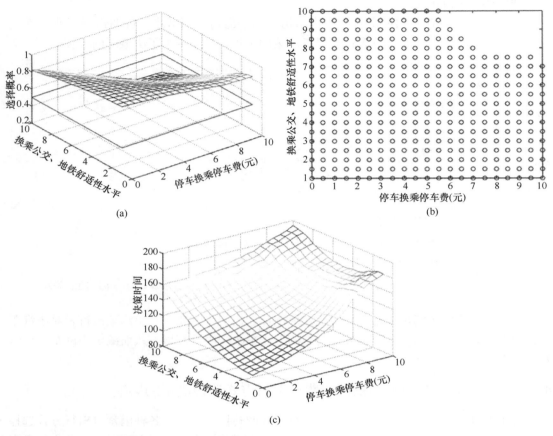

图 8-24　公交服务水平与停车费变化下的出行决策行为
（a）选择停车换乘的概率；（b）选择停车换乘出行的点的分布；（c）决策时间

8.6　小结

本章从决策过程角度分析了出行者的出行方式选择行为，利用过程追踪技术设计了出行方式选择决策过程实验。根据实验数据，进行了模型参数的标定，利用决策场理论，建立了出行方式选择决策过程模型，进而采用计算机仿真的方法进行了模型预测。根据实验数据与模型预测结果的误差对比，验证了建立的决策过程模型的可靠性。

不同决策时间下的出行方式选择概率分析显示，随着决策时间的增加仍然选择小汽车出行的概率逐渐减小，选择停车换乘出行的概率逐渐增加，说明采取必要的交通干预措施，促进决策者进行更为理性的思考，增加决策者的思考时间，将有助于增加小汽车出行者选择停车换乘出行的比例。

根据个体进行出行方式选择时偏好累积过程的差异性，将出行者的决策过程分成三类，即方式选择偏好的简单累积过程、多方式选择权衡决策过程和方式选择偏好反转过程。其中，多方式选择权衡决策过程中出行者会在多方式之间进行比较、权衡，出行者表现出犹豫不定的心理，决策时间相对较长。方式选择偏好反转过程表现为出行者在一段决策时间内对某一种出行方式的选择偏好占优状态会被另外一种出行方式替代。

决策阈值表示决策者做出出行选择决策的累积偏好的心理上限，首先达到这个阈值的出行方式作为最后的选择。研究结果显示，随着决策阈值的增加，仍然选择小汽车出行的概率逐渐减少，选择停车换乘出行的概率逐渐增加。

根据初始偏好对出行方式选择决策行为的影响分析得出，随着对小汽车初始偏好程度的增加，也就是对小汽车依赖性的增加，选择停车换乘的概率逐渐减少，选择小汽车出行的概率逐渐增加。因此，要提高小汽车出行者的停车换乘选择比例，就要采取相关措施克服小汽车出行者对小汽车的依赖性。

随着换乘公交、地铁舒适性水平的提高和换乘设施处停车费的减少，选择停车换乘出行的概率逐渐增加，当停车换乘设施停车费大于 6 元且换乘公交＋地铁舒适性水平为 7～10 时，出行者不会选择停车换乘出行。因此，要增加小汽车出行者的停车换乘选择比例，就要不断提高公交服务水平和减少换乘设施停车费。

第9章　基于决策过程的出行方式
多次重复选择行为研究

近年来，随着经济的快速发展和城市机动化进程的加快，城市交通问题日益突出。从国内外的交通发展经验看，公共交通具有集约、高效、节能、环保等优点，优先发展公共交通，提升公交服务水平，从而使得更多的小汽车出行者转向公交出行，对于解决交通问题、促进城市和谐发展具有重要的作用。

在日常生活中有很多出行行为是具有多次重复性的，如通勤出行、上学出行等，在出行过程中，出行者的出行方式选择行为往往受到出行环境、方式相关因素、个人属性等方面的影响，表征为不同的宏观交通出行选择行为特征，如方式选择习惯或偏好等，而从微观决策角度出发，可以深入探讨出行者宏观行为特征下的微观心理决策过程规律，从而为改变小汽车使用习惯、引导其向公共交通系统转移的相关政策的制定提供参考。

本章从出行者心理决策过程角度出发，设计出行方式多次重复选择决策过程实验，进而获得多次重复选择决策过程的数据，基于实验数据分析出行方式多次重复选择决策行为特征，建立基于动态决策理论的方式选择决策过程模型，研究出行选择偏好或习惯的形成过程，以及出行环境改变对出行方式选择决策行为的影响。

9.1　多次重复决策过程实验设计方法

目前，国内外对出行方式选择方面的研究，主要是基于计划行为理论、结构方程模型、非集计模型等，对习惯、态度、动机、意愿和出行选择行为的相互关系进行研究，从决策过程角度研究习惯性出行行为的形成过程以及出行环境对于出行方式选择的影响的研究还相对较少。

对于多次重复的出行选择行为所采用的数据获取方法，主要基于日志调查或间隔一定时间的重复调查，获取多次选择行为数据，调查依赖于调查者或被调查者的个人记录，对于间隔时间较长的行为数据收集实施比较困难，且获得出行者在出行环境改变（如居住地、工作地改变）下的重复出行行为决策过程的数据更为困难。而在多次重复的出行方式选择决策过程中，出行者往往会积累出行经验，形成方式选择偏好或习惯，进而影响到出行方式选择，所以，在多次重复的出行选择行为研究中，除了分析一定出行环境下的方式选择趋势的变化规律以及相关因素对方式选择的影响外，还要从心理决策角度深入分析影响其行为决策的潜在因素，如学习反馈过程、信息搜索过程以及行为偏好、记忆、经验、决策时间等对方式选择行为的影响。

综上所述，由于传统的重复出行行为的数据获取方法存在一定的局限性，且不能获得出行方式多次重复选择决策过程信息的数据，因此，需要新的方法获取多次重复的出行行为数据，通过多次重复决策过程实验设计，可以获得出行者在进行多次重复的出行方式选择时的动态决策过程信息，包括每次方式选择的信息使用数量、决策时间、方式选择及意向等数据，也可以获得出行者的习惯强度、学习反馈过程参数（如记忆参数、影响反馈值）以及出行方式选择及意向的变化趋势和出行环境或交通政策改变条件下的方式选择变化过程。

多次重复决策过程实验设计方法是对第 8 章的心理决策过程实验设计方法的进一步改进，从多次动态决策过程的角度出发，重点考虑了出行者在进行多次重复的方式选择时在行为、决策过程方面的变化以及出行环境对方式选择的影响。应用意向调查方法构建了决策变化情景及交通政策条件，将行为调查方法、过程追踪技术、情景变换法相结合进行出行方式多次信息获取决策过程实验设计，获得出行者多次方式选择过程信息。最后运用统计分析的方法提取出行者在出行方式多次重复选择过程中的动态决策行为变化规律，尤其是行为偏好或习惯的形成过程以及出行环境或政策对方式选择的影响。数据的分析将有助于从更深层次上认识出行行为规律，也可以为交通政策的制定提供参考。

以出行方式选择为例，多次重复决策过程实验设计包括以下内容，实验设计流程见图 9-1。

（1）个人基本信息和日常出行信息

出行者个人基本信息：性别、年龄、职业、收入等。

出行者日常出行信息：居住地及居住时间、上班地点及在该地工作时间、上班出行使用的出行方式、限行时使用的出行方式、出行选择影响因素的注意程度。

出行习惯测量：目前常用的习惯测量方法有出行频率法、日志法（Script-Report）和 Bas Verplanken 等采用的 SRHI（Self-Report Habit Index）测量习惯强度的方法[1]。以出行方式选择为例，出行频率法一般是询问被试上班或上学出行使用的出行方式的频率，其表示的是出行者出行的重复性行为，其不一定是由习惯产生的，因此，这种方法具有一定的缺陷。日志法是在一段连续时间内，每隔一定间隔（一月、一周或一天）询问被试所使用的出行方式，这种方法能够像日志一样跟踪被试的出行轨迹，但时间周期长，实施困难。SRHI 方法解决了出行频率法存在的不足，通过给定的日常出行活动，被试对每项日常活动快速做出行方式选择，以此来评估出行者的出行习惯。

（2）出行决策环境和情景设计

根据研究目的，设计出行决策环境和情景，给出出行决策环境和情景的描述，如出行目的、出行距离、出行交通条件、出行环境因素等。为了分析决策环境对出行决策的影响，需要给定出行环境条件 1 和变化的出行环境条件 2，设定两种出行环境下的方式选择决策次数，分别为 $D1$ 和 $D2$，这里的多次选择决策的间隔可以假定为分钟、天、周、年等，对于出行环境 1 下的 $D1$ 次重复出行选择，可以用来分析稳定的出行环境下的出行选择决策行为特征和规律。对于出行环境 2 下的 $D2$ 次重复出行方式选择，可以用来分析出行环境变化及相关政策实施对方式选择偏好和决策的影响。$D1$、$D2$ 的选取要适宜，太多会增加被试回答问题的负担，影响实验效果，太少又不利于分析出行者的多次选择行为的变化规律。

（3）决策过程信息提取方法

出行者基于给定的出行环境，在每次出行选择决策时根据需要搜索、对比、分析各种信息，做出一种出行选择。方式选择界面设计借鉴了信息显示板技术并进行改进，方式相关的因素信息是以信息矩阵方式呈现。

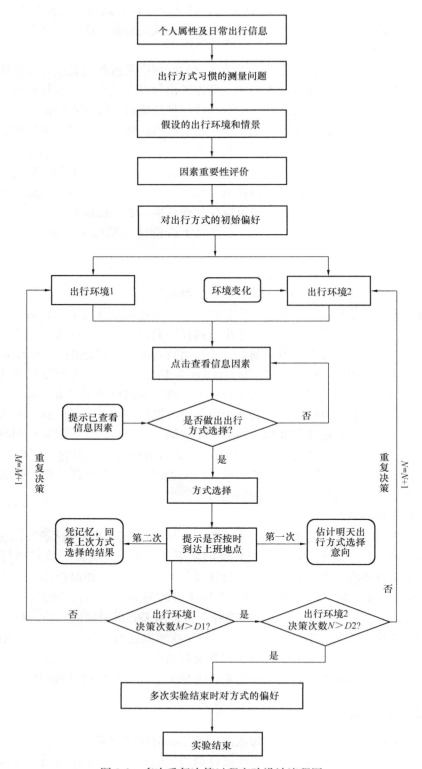

图 9-1　多次重复决策过程实验设计流程图

被试根据需要查看因素信息或不查看任何信息直接做出出行选择，当查看信息时，点击因素名称，该因素所列信息内容显示，当点击查看下一个因素时，上一个因素信息隐藏，被试可以查看任何因素或重复查看，没有时间限制，直到确信可以做出出行选择为止，再点击"下一步"，弹出窗口让被试确认已查看过的因素，并可返回继续查看信息，如果做出选择，则呈现出行选择界面，做出一种方式选择后会弹出窗口提示其采用该方式带来的结果。出行选择因素信息查看界面设计中，为了避免被试查看信息习惯给实验带来的误差，每次选择决策中影响因素在界面上呈现的顺序是随机的。

为了量化分析出行者在多次重复出行选择决策过程中，对不同方式选择意向程度的变化，在两种出行环境的多次方式选择决策前和决策后需要被试给出此时对不同方式选项的选择意向程度。为了分析上次选择决策的结果对下一次决策的影响，在每个出行环境下的第 2 次选择决策后询问被试对第 1 次选择结果的记忆情况。

以上实验内容可以采用 C 语言、Visual Basic、Microsoft Visual Studio 等编程实现界面的设计，选项通过按钮形式呈现，被试根据实验设计内容在计算机上按照实验提示完成两个出行环境下的多次出行选择。实验过程中计算机自动记录实验数据到指定的文件。实验采用发送实验软件包的方式，被试在自己的电脑上完成实验内容，并返回实验数据文件。

9.2　出行方式多次重复选择决策过程实验

应用多次重复决策过程实验设计方法，通过出行方式多次重复选择决策过程实验设计和实施，获得出行者在多次方式选择过程中的信息使用数量、决策时间、方式选择及意向、学习反馈过程等变化数据，从而分析出行方式选择行为偏好或习惯的形成过程以及出行环境变化或政策制定对出行方式选择的影响效果。这里的出行方式选择主要包括停车换乘、小汽车和公交＋地铁。

9.2.1　出行方式多次重复选择决策过程实验内容

（1）个人基本信息

个人基本信息包括性别、年龄、职业、收入。其选项设置为：

性别：男、女；

年龄：≤20 岁、21～30 岁、31～40 岁、41～50 岁、51～60 岁、≥60 岁；

职业：公务员、事业单位人员、高级管理人员、专业技术人员、工人、自由职业者、大中专学生、其他；

收入：≤3000 元/月、3001～5000 元/月、5001～7000 元/月、7001～10000 元/月、10001～15000 元/月、≥15000 元/月。

（2）出行者日常出行信息

包括居住地及居住时间、上班地点及工作时间、上班使用的出行方式、限行时主要采用的出行方式、遇到雾霾预警时主要采用的出行方式。其选项设置为：

居住地：东城区、西城区、海淀区、朝阳区、丰台区、石景山区、远郊区县；

在此居住时间：≤1 年、1～3 年、3～5 年、5～10 年、≥10 年；

上班地点：东城区、西城区、海淀区、朝阳区、丰台区、石景山区、远郊区县；

在此工作时间：≤6个月、6个月~1年、1~3年、3~5年、5~10年、≥10年；

上班出行的出行方式：公交、小汽车、停车换乘、地铁、公交＋地铁、出租车、其他；

限行时主要采用的出行方式：公交、公交＋地铁、出租车、地铁、其他；

遇到雾霾预警时主要采用的出行方式：公交、小汽车、停车换乘、公交＋地铁、地铁、出租车、其他；

出行习惯问题：采取SRHI方法测量习惯强度，给定八种日常出行活动，包括访友、买衣服、出去吃饭、看电影、去超市、去公园、去书店、去医院。被试快速选出在各种出行活动下呈现在头脑中使用的出行方式，出行方式选项为公交＋地铁、公交、地铁、小汽车、停车换乘、出租车、其他方式。

出行者在出行方式决策过程中对各因素的注意程度：给出出行者在出行方式选择时经常会考虑的因素，包括：驾车时间、换乘步行等车时间、舒适性、乘公交地铁时间、停车燃油费、公交地铁车票费、拥堵收费、换乘次数、交通运行情况、雾霾情况等。评价的方法为对每一个因素进行重要性评价，包括非常不重要、不重要、一般重要、比较重要、非常重要。

（3）创建出行决策环境和情景

假定出行者家在北京通州新城，而工作地为国贸CBD，底图为北京市电子地图，图中标注家和工作地位置，出行距离约为25km，家附近8km处有八通线通州北苑地铁站，并提供停车换乘设施，上班可选的出行方式包括小汽车、公交＋地铁、停车换乘。

这里假设两个出行环境，出行环境1的交通情况为轻度拥堵、没有雾霾，此出行环境下，出行方式选择重复决策次数 $D1$ 为7次，即假设为第1天到第7天，用来分析稳定出行环境下的出行方式选择决策行为特征和规律。出行环境2的交通情况为严重拥堵、有雾霾且红色预警，鼓励公交出行，且中心区实施交通拥堵收费（10元/次），此环境下的出行方式选择重复决策次数 $D2$ 为3次，即假设为第8天到第10天，用来分析出行环境变化及相关政策实施对方式选择偏好和方式选择决策的影响。

两个出行环境下的方式选择相关因素信息如表9-1所示，选择各种方式带来的结果如表9-2所示，并以此来评估选择结果是否会带来收益还是损失。

出行方式相关影响因素信息表　　　　表9-1

假定情景	可选方式	出行时间（分钟）			出行费用（元）		舒适性	换乘次数
		驾车时间	换乘/步行/等车时间	乘公交/地铁时间	停车/燃油费	公交/地铁车票费		
出行环境1	小汽车	50	3	0	15	0	很舒适	0
	公交＋地铁	0	10	60	0	7	较拥挤	2
	停车换乘	20	8	30	7	5	一般拥挤	1
出行环境2	小汽车	70	3	0	20	0	很舒适	0
	公交＋地铁	0	13	70	0	8	较拥挤	2
	停车换乘	25	9	35	9	5	一般拥挤	1

选择的方式	到达上班地情况	
	出行环境 1	出行环境 2
小汽车	按时到达	会迟到
公交＋地铁	可能会迟到	可能会迟到
停车换乘	按时到达	按时到达

不同出行环境下选择各方式的结果　　　　　　　　　　表 9-2

9.2.2　出行方式多次重复选择决策过程实验实施

实验设计内容采用 Microsoft Visual Studio 2010 编程实现界面的设计，被试首先回答与个人相关的信息、日常出行信息问题，然后基于给定的从家（通州新城）到工作地（国贸 CBD）的虚拟出行情景图和文字说明，进行两个出行环境下的 10 次（天）出行方式选择。

在每次出行方式选择决策时，出行者基于给定的出行环境，根据方式选择相关因素信息矩阵做出方式选择。决策前所有信息是隐藏的，被试根据需要点击因素名称查看相关因素信息，被试可以查看任何因素或重复查看，没有时间限制，直到确信可以做出方式选择为止，此时，会弹出窗口提示其采用该方式是否能按时到达上班地点。

为了量化分析出行者在多次方式选择决策过程中，对方式选择意向程度的变化以及确定多次决策学习反馈过程的影响反馈值，在两种出行环境的多次方式选择决策前和决策后需要被试给出此时对三种方式的选择意向程度，包括无意向、弱、中、强四个选项。为了分析上次方式选择的结果对下一次决策的影响并确定学习反馈过程的记忆系数，在两个出行环境下的第 2 次（天）方式选择后询问被试对第 1 次（天）方式选择结果的记忆情况。整个出行方式多次重复决策过程设计界面如图 9-2～图 9-11 所示。

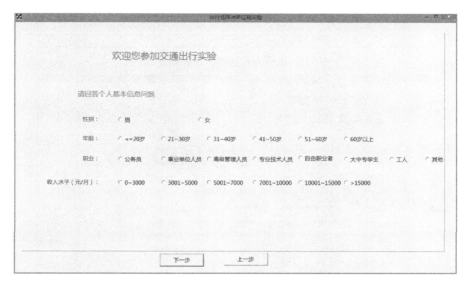

图 9-2　个人基本信息界面

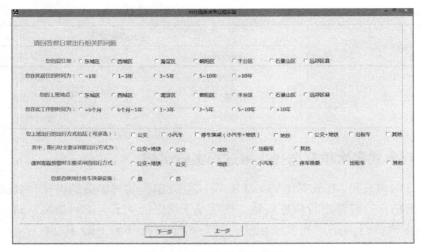

图 9-3　日常出行信息界面

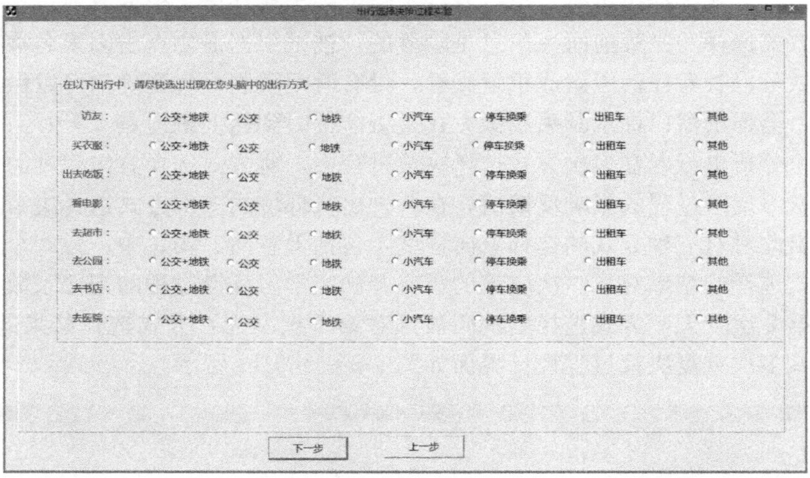

图 9-4　出行方式选择习惯问题界面

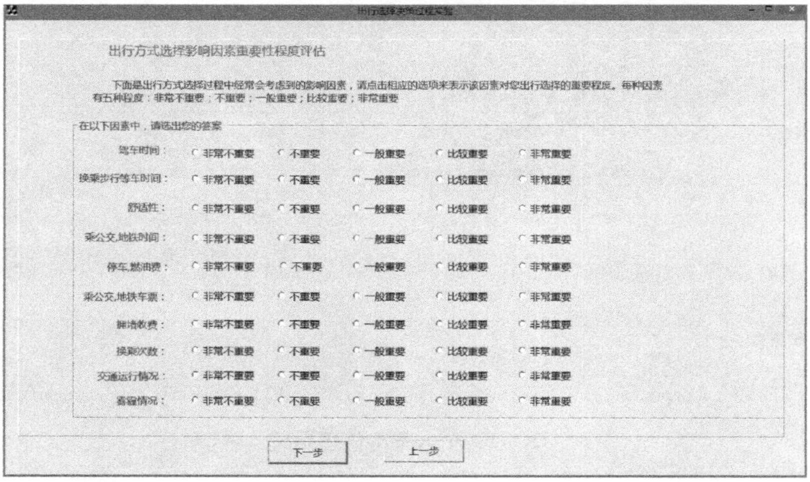

图 9-5　影响因素重要程度评估界面

图 9-6 虚拟出行情景图界面

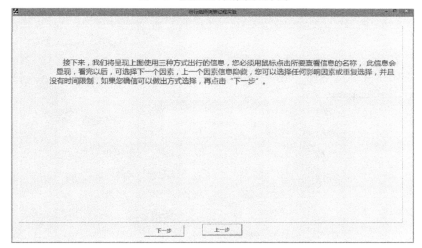

图 9-7 虚拟出行情景说明界面

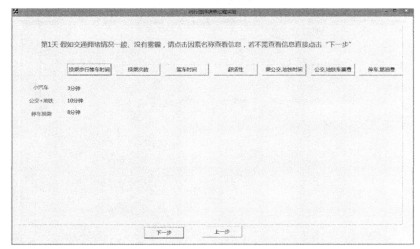

图 9-8 出行环境 1 下的方式选择信息搜索查看界面

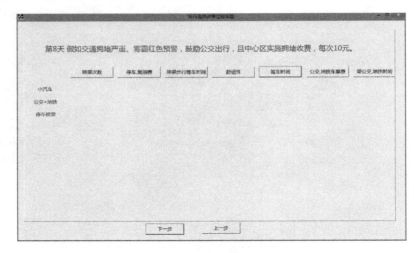

图 9-9　出行环境 2 下的方式选择信息搜索查看界面

图 9-10　出行方式选择及结果提示界面

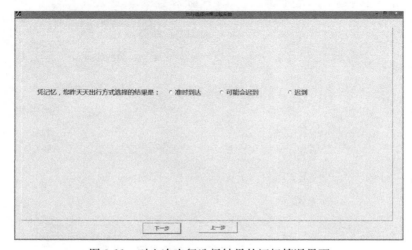

图 9-11　对上次出行选择结果的记忆情况界面

实验过程中计算机自动记录实验数据到指定的 Excel 文件，包括各问题选项的选择结果、被试搜索查看的因素信息、查看时间、出行方式选择意向和选择结果等。

实验对象为北京地区使用小汽车上下班的出行者。调查时间为 2017 年 3 月～2017 年 7 月。最终收到实验样本 145 份，有效样本 140 份。

9.2.3　出行方式多次重复选择决策过程数据初步分析

根据实验数据，运用统计分析方法对出行方式选择决策过程信息进行提取分析，设有效实验样本 Z 个，出行方式为 I 种。主要获得以下内容：

（1）出行者个人基本信息

统计分析得到性别分布以男性居多，占 58%，女性占 42%。年龄分布中 21～30 岁的出行者占 34%，31～40 岁占 49%。职业分布中主要为专业技术人员，占 51%，其次为高级管理人员，占 20%，事业单位人员占 16%。个人收入分布中以中高收入者居多，5001～7000 元/月的出行者占 36%，7000 元/月以上的占到 57%。

（2）日常出行信息

出行者的居住地主要在北京市朝阳区、海淀区和远郊区县，比例分别为 29%、16%、29%，居住时间分布比较均匀，其中，3 年以内的占 25%，3～5 年占 20%，5～10 年占 29%，大于 10 年的占 26%。出行者的上班地点主要在北京市西城区、朝阳区、海淀区，比例分别为 36%、26%、18%，工作时间主要分布在 1～3 年，占 39%，其次为 3～5 年，占 26%，大于 5 年的占 26%。

上班出行使用的出行方式，除了采用小汽车出行，还比较常用的出行方式为地铁、公交＋地铁、出租车等，比例分别为 54%、43%、22%。

限行时出行者主要改用公交和地铁出行，比例分别为 41% 和 32%。遇到雾霾预警时，出行者主要使用小汽车、地铁和公交出行，比例分别为 32%、26% 和 26%。

（3）小汽车出行习惯 H_z

设日常出行活动为 P 种，根据被试在各种出行活动 p 下快速选择的出行方式数据，统计每个样本在各种出行活动下选用小汽车出行的数量 M_p，则样本 z 的小汽车出行习惯可以表示为 $H_z = M_p/P$。所有样本的小汽车出行习惯指标均值为 $H_a = \sum_{z=1}^{Z} H_z/Z$，如果 $H_z \geqslant H_a$，则认为该出行者具有小汽车出行选择的强习惯，如果 $H_z < H_a$，则认为该出行者具有小汽车出行选择的弱习惯。

根据被试者对八项日常出行活动快速做出的方式选择结果，进而得出使用小汽车的出行习惯指标均值为 5.06 次，说明出行者具有较高的小汽车使用偏好。

（4）方式选择多次重复决策的信息查看数量变化趋势

为了分析出行者在重复决策中使用信息数量的变化情况，通过统计样本每次出行方式选择的查看信息数量，得到信息数量随方式选择决策次数的变化趋势，见图 9-12，可以看出，在出行环境 1（轻度拥堵，无雾霾）下，查看因素信息数量随方式选择决策次数增加而明显减少，到第 7 次（天）降到最小，说明，随着出行者对出行环境熟悉程度的增加，其逐渐积累了出行经验，做出方式选择所需信息数量明显减少，出行方式选择习惯或偏好逐渐形成。出行环境发生改变后，即在出行环境 2（严重拥堵，有雾霾，中心城区拥堵收费 10 元/次）下，查看信息数量有所增加，出行者会重新进行思考、权衡、对比相关信息，寻找具有收益的方式，之后，又随着对新环境熟悉程度的增加而逐渐减小，说明出行环境的改变可以改变小汽车出行者的方式选择决策过程。

（5）方式选择多次重复决策的决策时间变化趋势

为了分析出行者在重复选择决策中使用的时间的变化情况，通过统计样本每次出行方式选择的时间，单位为秒，得到多次方式选择使用的决策时间变化趋势，见图 9-12，可以看出，其变化趋势与查看因素数量变化趋势相似，即在出行环境 1 下，随着方式选择决策次数的增加，决策时间逐渐减少。在改变的出行环境 2 下，随着查看因素数量的增加，方式选择决策时间也有所增加，之后又逐渐减小。

（6）出行方式多次重复选择比例变化趋势

通过统计所有样本在每次方式选择决策中的选择结果，得到每次方式选择的比例分布，进而绘制方式选择比例随决策次数变化趋势，见图 9-13，分析方式决策过程中的变化规律，以及出行习惯的形成过程和出行环境对选择行为的影响。

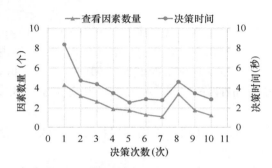

图 9-12　查看因素数量和决策时间分布图

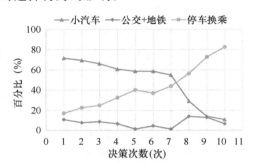

图 9-13　出行方式选择比例变化图

可以看出，在出行环境 1（轻度拥堵，无雾霾）下，初始决策阶段，由于小汽车出行者具有较强的小汽车初始偏好或习惯，选择小汽车出行的比例明显占优。随着决策次数的增加，即从第 2 次到第 4 次决策，出行者通过查看信息和思考逐渐发现除了小汽车，选择停车换乘也能按时到达上班地，减弱了其对小汽车的初始偏好或习惯，使得小汽车出行选择比例逐渐减少，而转向选择停车换乘比例逐渐增加，同时在这个阶段，查看因素信息数量和决策时间随出行者对出行环境熟悉程度的增加而明显减少，如图 9-12 所示。从第 5 次到第 7 次决策，出行方式选择比例变化幅度减少，且查看因素信息数量和决策时间变化幅度也减少，说明在稳定的出行环境中，重复的多次决策会使得出行者逐渐积累出行经验，逐渐形成出行选择偏好或习惯。

当出行环境发生变化时，即出行环境 2（严重拥堵，有雾霾，中心城区拥堵收费 10 元/次）下，在第 8 次（天）决策时，出行方式选择行为发生了变化，选择停车换乘和公交＋地铁出行比例有明显增加，仍然选择小汽车出行的比例明显减少，同时查看信息数量和决策时间都有所增加，随着决策次数的增加，由于只有停车换乘会按时到达上班地点，选择停车换乘比例继续增加。说明出行者面对新的出行环境以及交通政策时会进行思考、权衡、对比相关信息，寻找具有收益的方式，从而改变既有的方式选择偏好或习惯。

（7）基于习惯的出行方式多次重复决策行为分析

将所有样本按照对小汽车的出行习惯值的大小分成两组，即具有初始小汽车出行强习惯和弱习惯的出行者，分别统计两组群体中每次方式选择的各出行方式的比例、信息查看数量、决策时间，得到不同群体的方式选择比例、信息查看数量、决策时间随决策次数变化的趋势，见图 9-14，进而分析出行习惯对出行方式选择决策的影响关系。

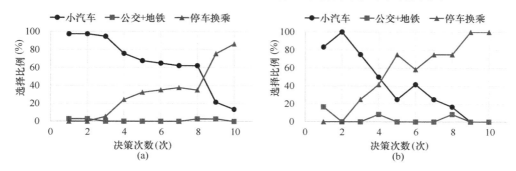

图 9-14　不同小汽车出行群体的方式选择比例变化趋势图
(a) 强习惯群体；(b) 弱习惯群体

通过对比可知，在出行环境 1 中，具有初始小汽车出行强习惯的出行者主要是选择小汽车出行，既有出行习惯对方式选择起影响作用，随着决策次数的增加，虽然选择小汽车出行比例有所减少，但仍大于停车换乘选择比例。而对于具有初始小汽车出行弱习惯的出行者，仍然选择小汽车出行比例减小得比较快，更容易转向停车换乘出行。当出行环境发生改变时，两类出行者选择小汽车出行比例逐渐减小，选择停车换乘出行比例逐渐增加，成为占优的出行方式，且具有小汽车出行弱习惯的出行者的停车换乘选择比例明显高于具有小汽车出行强习惯的出行者。总体来看，出行环境的变化及相关政策（拥堵收费）等更容易使得具有小汽车出行弱习惯的出行者转向公共交通出行。

根据具有不同初始小汽车出行习惯的群体查看信息数量和决策时间变化趋势，见图 9-15 和图 9-16，可以看出，随着决策次数的增加，具有不同出行习惯强度的出行者查看信息的数量和决策时间变化趋势比较相似。在一定的出行环境下，具有初始的小汽车出行强习惯的出行者相对于具有弱习惯的出行者，查看信息的数量和决策时间要少，说明出行习惯越强，出行者对方式选择影响因素的关注越小。

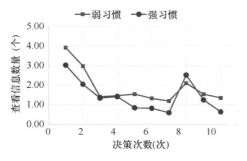

图 9-15　不同出行习惯群体
查看信息数量变化图

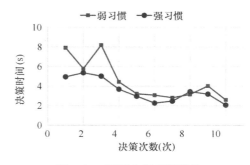

图 9-16　不同出行习惯群体
决策时间变化图

9.3　出行方式多次重复选择决策过程模型

在本研究中，出行条件为不同情景下的交通运行情况、天气情况、交通政策和上班到达情况等，基于决策过程实验获得的数据，使用基于规则的决策场理论模型对出行方式多次重复选择决策过程进行建模。

9.3.1　模型参数的设置

（1）出行方式影响因素注意的可能性 w_j

注意的可能性代表出行者在方式选择决策过程中分配到每个因素上注意的程度，注意的转移假设是依据 w_j 的静态随机过程。根据出行者对方式选择的影响因素的重要性评价，汇总计算得到各影响因素的注意可能性如表 9-3 所示。

各种因素的注意可能性

表 9-3

影响因素	驾车时间	换乘/步行/等车时间	乘公交/地铁时间	停车/燃油费	公交/地铁车票费	舒适性	换乘次数
注意可能性	0.17	0.14	0.15	0.14	0.11	0.15	0.14

从表 9-3 可以看出，出行者对驾车时间、乘公交地铁时间、乘坐舒适性等因素比较关注。

（2）多次决策学习反馈过程的记忆系数 β

记忆系数表示对上次产生收益的决策的记忆程度，记忆系数越大，出行者会较快的积累新环境下的出行经验，形成方式选择偏好或习惯。两个出行环境下第二次方式选择后得到的对第一次方式选择的结果的记忆情况，将记忆结果和第一次具有收益（按时到达）的方式选择结果进行对比，两次选择结果相同时记为 1，不相同时记为 0，统计所有样本选择结果的匹配情况，设两种出行环境下第一次方式选择具有收益，也就是能按时到达的样本数量分别为 Z_{g1}、Z_{g2}，汇总得到选择结果相同的个数设为 w_{g1}、w_{g2}，则将正确率 w_{g1}/Z_{g1}、w_{g2}/Z_{g2} 作为两个出行环境下的方式选择学习反馈过程的记忆系数 β。根据实验数据得到，在出行环境 1 下的记忆系数 β 为 0.93，出行环境 2 下的记忆系数 β 为 0.87。

（3）多次学习反馈过程的影响反馈值 r，p

在基于规则的决策场理论的反馈函数中，增强反馈值 r 为由上次产生收益结果的决策带来的增强反馈值；衰减反馈值 p 为由上次产生损失的决策带来的衰减反馈值。增强反馈值 r 和衰减反馈值 p 是根据两出行环境下第 1 次和第 2 次方式选择决策前对出行方式的意向程度数据获得，也就是分别统计两种出行环境下，第一次方式选择决策前后具有收益和损失情况下的方式选择意向程度变化量，作为增强反馈值 r 和衰减反馈值 p。

根据实验数据计算得到增强反馈值 r 和衰减反馈值 p，在出行环境 1 下分别为 0.30、0.36，在出行环境 2 下分别为 0.45、0.35。

（4）其他模型参数设置

规则学习速率 Δ 设为 1，偏好优势 K 在出行环境 1 下为 $K_1=9$，在出行环境 2 下为

$K_2=8$，决策阈值 θ 设为 7。

通过计算机仿真的方法进行模型预测，使用 Matlab 软件编程进行仿真，出行环境 1 的出行方式选择决策重复次数为 70 次（天），出行环境 2 为 30 次（天），每次决策随机仿真 2000 次。

9.3.2　模型标定结果对比分析

采用基于规则的决策场理论得到出行者对于出行方式选择的概率变化趋势如图 9-17 所示，通过计算不同情景下初始几次决策阶段的多次方式选择概率与实际调查数据的误差，得到平均误差为 6.50%，最大误差为 13%，最小误差为 0.32%，82% 的误差在 10% 以内。说明基于决策规则的决策场理论可以很好地模拟出行方式多次重复选择的决策过程，并具有一定的可靠性。此外，模型预测的决策时间分布总体上低于调查结果，如图 9-18 所示，主要由于实际调查还包括了被试的实验操作时间。

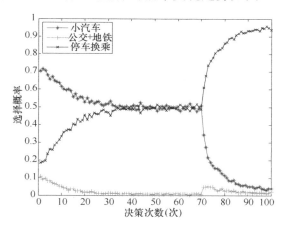

图 9-17　出行方式选择概率变化趋势图

图 9-17 显示，在出行环境 1 下，初始决策阶段小汽车出行选择明显占优，随着决策次数的增加，选择停车换乘比例逐渐增加，出行者逐渐建立并使用简单的决策规则 1 进行出行方式选择，如图 9-18 和图 9-19 所示，决策规则 1 使用概率逐渐增加，决策时间逐渐变小。到达一定的决策次数（约 30 次）后，出行方式选择概率趋于稳定，一直到决策次数为 70 次，由于小汽车和停车换乘均能按时到达上班地点，其选择概率均为 50% 左右，决策时间也基本不变并降至最小，说明在稳定的出行环境中，重复的多次决策使得出行者形成了出行选择偏好或习惯，此时，环境条件成为触发出行者做出方式选择的主要因素。

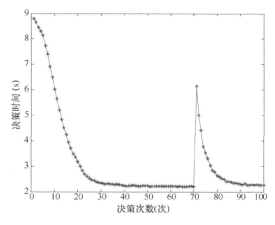

图 9-18　决策时间变化趋势图

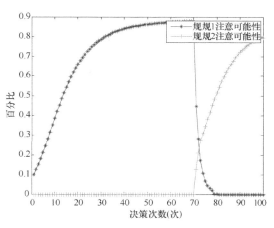

图 9-19　决策规则使用概率变化趋势图

当出行环境发生变化，即在出行环境 2 下，交通严重拥堵、有雾霾且红色预警、中心城区实施拥堵收费，在新的决策环境下，决策规则 1 不再使用，其使用的概率逐渐减少，停车换乘选择概率快速增加，并明显占优，出行者逐渐建立了新的决策规则 2，使用概率逐渐增加，说明环境以及交通政策的调整能够改变小汽车出行者既有的方式选择偏好或习惯，从而转向公共交通出行方式出行。

9.4 心理因素对出行方式多次重复选择决策过程的影响

9.4.1 学习速率的影响

从图 9-20 可以看出，在出行环境 1 下，当学习速率 $\Delta=0.8$ 时，大约需要 40 次决策，方式选择概率基本趋于稳定，而当 $\Delta=1.2$ 时，只需要大约 20 次决策方式选择概率就趋于稳定，说明，当学习速率 Δ 较大时，即对于学习速率较快的出行者，会根据选择交通方式带来的损益情况，比较快地积累出行经验，较快地改变既有的对小汽车的初始偏好，进而形成新的方式选择偏好或习惯。如在出行环境 2 下，当 $\Delta=1.2$ 时，转向选择停车换乘比例较 $\Delta=0.8$ 时高，且增长速度较快，并逐步趋向稳定。而对于学习速率较慢的出行者，则需要经过较长时间的多次决策过程才能形成方式选择偏好，其在新环境下改变方式选择的过程也较慢。

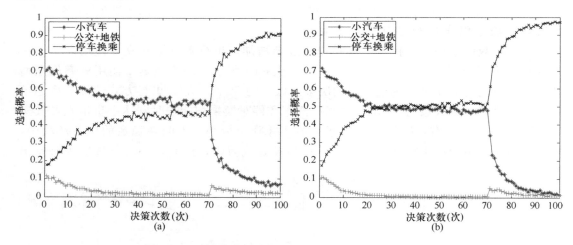

图 9-20　不同的学习速率下的出行方式选择概率变化图

(a) $\Delta=0.8$；(b) $\Delta=1.2$

9.4.2 记忆系数的影响

当记忆系数 β 产生较小幅度的变化时，依据式（3-56）～式（3-58），决策规则注意的可能性或使用概率会发生较大的变化，图 9-21 显示，在多次决策过程中，出行方式选择概率的变化也较大，说明，记忆系数对出行决策产生了重要的影响。

在一定的出行环境下，图 9-21（a）显示，对上次产生收益的决策记忆程度相对较差的出行者，也就是当 $\beta_1=0.91$、$\beta_2=0.85$ 时，在出行环境 1 下，选择小汽车出行比例仍较高，选择停车换乘比例相对较低，出行者在多次决策过程中需要花费较长的时间积累新环境下的出行经验，建立和使用决策规则，并形成出行方式选择偏好或习惯，从图 9-21（b）可以看出，当记忆系数较大，也就是 $\beta_1 = 0.95$，$\beta_2 = 0.89$ 时，出行者会对前期决策中具有收益的方式有很好的记忆，随决策次数的增加，出行者很快地减少了对小汽车的依赖，决策规则使用概率增加较快，两出行环境下初始决策阶段选择停车换乘概率增加较快，方式选择偏好或习惯会较快的形成，且转向停车换乘出行比例较高。

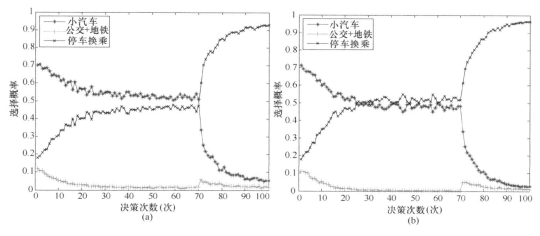

图 9-21　不同 β 下的出行方式选择概率变化图

(a) $\beta_1 = 0.91$，$\beta_2 = 0.85$；(b) $\beta_1 = 0.95$，$\beta_2 = 0.89$

9.4.3　偏好优势参数的影响

偏好优势参数 K 直接影响到出行者在决策过程中使用决策规则或考虑方式属性信息的相对比例，其值越大，出行者会较少的基于建立的决策规则做出决策，而主要考虑方式属性信息经过偏好累计做出选择。从图 9-22 可以看出，在出行环境 1 下，随着 K 值的增

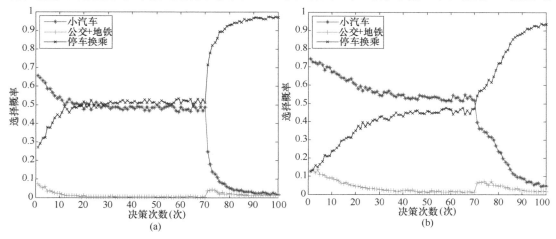

图 9-22　不同的偏好优势参数 K 下的出行方式选择概率变化图

(a) $K_1 = 3$，$K_2 = 3$；(b) $K_1 = 20$，$K_2 = 20$

大，在多次决策过程中选择小汽车出行比例越大，而转向停车换乘出行比例越小，当 K 增大到在出行环境 1 下为 $K_1=20$，在出行环境 2 下为 $K_2=20$ 时，小汽车出行比例明显占优，且没有达到稳定状态，出行选择偏好或习惯形成较慢。当 K 值较小时，出行者主要基于建立的决策规则进行方式选择，将比较快的形成方式选择偏好或习惯。

9.5 决策阈值对出行方式多次重复选择决策过程的影响

在出行方式决策中，出行者对不同方式的偏好累计值达到了决策阈值才能做出决策，在一定程度上，决策阈值也反映了出行者个体决策行为的差异性，不同的人的决策阈值可能也不同。

与图 9-17、图 9-18 相对比，从图 9-23、图 9-24 中可以看出，随着决策阈值的增加，出行者会多次权衡对比各种信息选择相对最优的出行方式，使得出行者在形成方式选择偏好或习惯过程中，在出行环境 1 下初始决策阶段选择小汽车出行比例较高，在出行环境 2 下选择停车换乘出行比例较高。相应的决策时间也有所增加。决策阈值的变化对方式选择偏好或习惯的形成快慢影响不大。

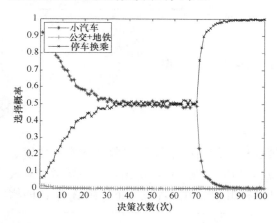
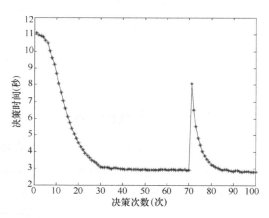

图 9-23　$\theta=10$ 时，出行方式选择概率变化图　　　图 9-24　$\theta=10$ 时，决策时间变化图

9.6 小结

本章从微观决策角度出发，以小汽车出行者为研究对象，通过出行方式多次重复选择决策过程实验，获得了出行者对出行方式（小汽车、公交＋地铁、停车换乘）的多次动态决策过程数据，考虑决策规则，基于决策场理论建立了多次动态决策过程模型，分析了出行选择偏好或习惯的形成过程以及出行环境、政策、心理决策参数改变对方式选择行为的影响。研究结论如下：

在一定的出行环境下，小汽车出行者会通过查看信息和思考选择具有较大收益的出行方式，随着决策次数增加，出行者会形成和使用决策规则，查看因素信息数量和决策时间逐渐减少，进而逐渐形成出行选择偏好或习惯，此时，环境条件因素逐渐成为触发出行者做出方式选择的主要因素。出行环境的改变或交通政策（如拥堵收费）的实施，会使出行者重新进行思考、权衡、对比相关信息，相应的查看信息数量和决策时间都有所增加，从而改变出行者既有的方式选择偏好或习惯，尝试其他出行方式出行，使得转向选择较优方式停车换乘的比例明显增加。

基于决策场理论建立的出行方式多次重复选择决策过程模型具有一定的可靠性，可以很好地模拟出行者的出行方式多次重复决策过程，通过改变模型的心理因素参数分析得到：对于反馈学习速率较快的出行者，会较快地积累当前出行环境下具有收益的出行经验，进而建立该出行环境下的决策规则，会加快方式选择偏好或习惯的形成过程。当出行环境改变时也会较快地改变既有的出行选择偏好或习惯，进而转向停车换乘出行。记忆系数对出行决策具有重要的影响，其较小幅度的变化会使多次决策过程中的方式选择行为发生较大的变化，对于记忆系数较大的出行者，会对前期决策中具有收益的方式具有很好的记忆，从而会较快地减少对小汽车的依赖，形成新环境下的方式选择偏好或习惯，转向停车换乘出行比例较高。偏好优势参数直接影响到出行者在决策过程中使用决策规则或考虑属性信息的相对比例，其值越大，表示出行者主要考虑方式属性信息经过偏好累计做出选择，出行选择偏好或习惯的形成过程比较慢。

决策阈值反映了出行者个体决策行为的差异性，随着决策阈值的增加，出行者会经过更为认真的思考，权衡对比各种信息选择较优的出行方式，使得出行者在形成方式选择偏好或习惯过程中，选择最优方式的比例较高，相应的决策时间也会有所增加。

本章参考文献

[1]　Verplanken B，Orbell S. Reflections on past behavior：a self‐report index of habit strength [J]. Journal of Applied Social Psychology，2003，33(6)：1313-1330.